"十二五"江苏省高等学校重点教材
"十二五"高等职业教育计算机类专业规划教材

动态 Web 开发技术——ASP.NET
（第二版）

王学卿　程琦峰　主　编
殷　美　孙　博　王兴好　副主编

中国铁道出版社有限公司
CHINA RAILWAY PUBLISHING HOUSE CO., LTD.

内 容 简 介

ASP.NET 4.5 是美国微软公司推出的企业级 Web 应用程序开发平台，与 ASP.NET 4.0 技术相比，它具有开发效率更高、运行速度更快、核心服务功能更多等特点，是微软公司构建高交互性网站的旗舰技术。

本书介绍了 ASP.NET 体系中最基本、最常用的知识点，采用"单元导入、任务驱动、知识提炼"的模式进行编写。全书分为 11 个单元，主要内容包括电子商铺简介、准备电子商铺开发环境、电子商铺基础知识、电子商铺用户注册、电子商铺用户管理、电子商铺商品管理、电子商铺留言板的制作、电子商铺新闻系统、购物车和订单、电子商铺的完整实现，以及网站优化与发布。所有实例以 Visual Studio 2012 为开发平台，采用 C#语言编写，并经过作者的调试，均能正常运行。

本书面向网站设计的初学者，特别适合作为高等职业院校和各级职业学校计算机类专业的教材，也可作为各类 ASP.NET 程序设计培训班的教学用书，还可作为广大计算机爱好者的自学参考书。

本书是"十二五"江苏省高等学校重点教材（编号：2013-1-059）。

图书在版编目（CIP）数据

动态 Web 开发技术 ：ASP．NET ／ 王学卿，程琦峰主编．— 2 版．— 北京：中国铁道出版社，2014.6（2021.1重印）
"十二五"高等职业教育计算机类专业规划教材
ISBN 978-7-113-18922-8

Ⅰ．①动… Ⅱ．①王… ②程… Ⅲ．①网页制作工具—程序设计—高等职业教育—教材 Ⅳ．①TP393.092

中国版本图书馆 CIP 数据核字（2014）第 151983 号

书　　名：	动态 Web 开发技术——ASP．NET
作　　者：	王学卿　程琦峰

策　　划：	翟玉峰	编辑部电话：（010）83517321
责任编辑：	翟玉峰　鲍 闻	
封面设计：	付 巍	
封面制作：	白 雪	
责任校对：	王 杰	
责任印制：	樊启鹏	

出版发行：中国铁道出版社有限公司（100054，北京市西城区右安门西街 8 号）
网　　址：http：//www.tdpress.com/51eds/
印　　刷：北京建宏印刷有限公司
版　　次：2009 年 12 月第 1 版　2014 年 6 月第 2 版　2021 年 1 月第 5 次印刷
开　　本：787mm×1092mm　1/16　印张：16.75　字数：404 千
书　　号：ISBN 978-7-113-18922-8
定　　价：32.00 元

版权所有　侵权必究

凡购买铁道版图书，如有印制质量问题，请与本社教材图书营销部联系调换。电话：（010）63550836
打击盗版举报电话：（010）63549461

第二版前言

目前，基于 B/S（浏览器/服务器）模式的程序开发技术受到广大开发人员的普遍重视，人们对各种 Web 应用程序的需求越来越强烈，越来越多的学校和培训机构都开设了 Web 应用程序开发的相关课程。

ASP.NET 是美国微软公司推出的企业级 B/S 模式 Web 应用程序开发技术，它是使嵌入网页中的脚本可由因特网服务器执行的服务器端脚本技术。ASP 指 Active Server Pages（动态服务器页面），运行于 IIS（Internet Information Server）之中的程序。和以前类似技术相比，它具有开发效率高、使用简单、支持多种开发语言、运行速度快等特点，是微软公司构建高交互性网站的旗舰技术，现在 Internet 上提供服务的大型网站有很多都是构建于 ASP.NET 之上的。ASP.NET 的发展相当迅速，版本不断更新，功能不断增强。

C#是微软公司发布的一种面向对象的、运行于.NET Framework 之上的高级程序设计语言。C#看起来与 Java 有着惊人的相似，它包括了诸如单一继承、接口、与 Java 几乎同样的语法和编译成中间代码再运行的过程。但是，C#与 Java 有着明显的不同，它借鉴了 Delphi 的一个特点，与 COM（组件对象模型）是直接集成的，而且它是微软公司 .NET Windows 网络框架的主角，能最大限度地发挥.NET 平台的优势。本书中也采用 C#作为开发语言。

ASP.NET 经历了十多年的发展，知识体系越来越庞大，涉及技术内容也日渐繁多，很多初学者在开始学习时面对庞大的知识体系不知如何下手，许多经典教材往往不适合初学者，主要面临两个问题：一是单纯使用控件自动生成代码，这种方式开始感觉很方便，但不久就会发现不能用这种方式实现较复杂的设计；二是一上来学习了很多理论知识，结果被一堆概念和理论搞得晕头转向，学了很长时间却不得要领，不能从事应用程序开发。为避免初学者学习时出现的这两个问题，本书从 ASP.NET 庞大的知识体系中选择了最常用、最重要的知识点，编写时采用"单元导入、任务驱动、知识提炼"的模式，将知识要点转换为要完成的任务，学生先模仿实现任务，然后进行"知识提炼"，由任务中提取出相关知识，为学生的后续发展打下基础。在单元介绍时采用"自顶向下"分解，从全局掌握项目的整体目标，采用"任务设计—任务分解—任务描述—确立知识目标和技能目标—给出任务实现步骤—最终对知识进行提炼"的设计流程，不仅强调结果和实现步骤，而且关注核心的理论知识，有利于培养解决实际问题的能力和后续发展的空间。为方便读者理解 ASP.NET 基础知识，本书在文字介绍时加入了大量的截图，使读者能够对每一步操作都有直观的认识。

本书第一版经过四年的使用，得到全国各高校及培训机构的一致好评，结合行业企业应用以及当前技术的发展，现推出第二版。在第一版的基础上，以 Visual Studio 2012 为开发平台，较为详细地介绍了 ASP.NET 4.5 入门知识，全书共分为 11 章，主要包括：

单元 0，电子商铺简介；
单元 1，准备电子商铺开发环境；
单元 2，电子商铺基础知识；
单元 3，电子商铺用户注册；

单元 4，电子商铺用户管理；

单元 5，电子商铺商品管理；

单元 6，电子商铺留言板的制作；

单元 7，电子商铺新闻系统；

单元 8，购物车和订单；

单元 9，电子商铺的完整实现；

单元 10，网站优化与发布。

  本书各单元所用范例基本都来自于校企合作单位，全部用 C#语言编写，并经过作者的调试，均能正常运行。在每一章的最后均配有一定数量的习题，以方便学生课后巩固和练习每章的技术要点，书中所有的任务范例源文件和教学演示文件都可以在出版社的网站上下载。

  本书是"十二五"江苏省高等学校重点教材（编号：2013-1-059），由王学卿、程琦峰任主编，殷美、孙博、王兴好任副主编。本书面向网站设计的初学者，特别适合作为高等职业院校和各级职业学校计算机类专业的教材，也可作为各类 ASP.NET 程序设计培训班的教学用书，还可作为广大计算机爱好者的自学参考书。

  由于计算机技术的发展十分迅速，鉴于作者水平有限，本书难免会出现一些疏漏或不当之处，敬请专家和广大读者不吝批评指正。

作 者

2014 年 3 月

第一版前言

FOREWORD

目前，基于B/S（浏览器/服务器）模式的程序开发技术受到广大开发人员的普遍重视，人们对各种Web应用程序的需求越来越强烈，越来越多的学校和培训机构都开设了Web应用程序开发的相关课程。

ASP.NET是微软公司推出的新一代企业级B/S模式Web应用程序的开发平台，与以往的类似技术相比，它具有开发效率高、使用简单、支持多种开发语言、运行速度快等特点，是微软公司构建高交互性网站的旗舰技术，现在Internet上提供服务的大型网站有很多都是构建于ASP.NET之上的。ASP.NET发展相当迅速，版本不断更新，功能不断增强。

C#是微软公司为ASP.NET量身定做的程序设计语言，它能最大限度地发挥.NET平台的优势，现有的资料和范例大都采用C#作为程序设计语言。为方便读者学习与交流，本书也采用C#作为开发语言。

ASP.NET经历了近十年的发展，知识体系越来越庞大，涉及的技术内容也日渐增多，很多初学者在开始学习时面对庞大的知识体系不知如何下手，许多经典教材往往不适合初学者。初学者主要面临两个问题：一是单纯使用控件自动生成代码，使用这种方式，开始感觉很方便，但是不久就会发现不能用这种方式实现较复杂的设计；二是初学者一开始就学习很多理论知识，结果被一堆概念和理论搞得晕头转向，学了很长时间却不得要领，不能从事应用程序开发。为避免初学者学习时遇到这两个问题，本书从ASP.NET庞大的知识体系中选择了最常用、最重要的知识点进行讲解，通过这些要点的学习可以引导初学者尽快入门。本书编写时采用"项目导入、任务驱动"的模式，将知识要点转换为要完成的任务，各个小任务组合成一个项目，在介绍任务时采用"给出任务描述，确立知识目标，给出实现步骤，介绍相关知识"的方式，这种方式强调结果和实现步骤，而不太关心过多的理论知识，有利于培养读者解决实际问题的能力。为方便读者理解ASP.NET基础知识，本书在文字介绍时加入了大量的截图，使读者能够对每一步操作都有直观的认识。

本书以Visual Studio 2008为开发平台，较为详细地介绍了ASP.NET 3.5的入门知识，全书共分9章，主要包括以下内容：

第0章，网上商城简介：介绍网上商城的基本功能模块和最终实现的效果。

第1章，网上商城开发环境配置：介绍Visual Studio 2008的安装及使用方法。

第2章，网上商城基础知识：主要介绍C#程序设计语言的基础应用。

第3章，网上商城用户注册：介绍各种常用Web控件、上传控件、验证控件等。

第4章，商城用户与商品管理：介绍数据库基础操作，以及如何生成数据库操作类并应用到开发中。

第5章，商城留言板的制作：介绍数据库操作类，以及如何自定义分页和字符过滤技术。

第6章，商城新闻系统：介绍快速方式操作，以及新闻系统功能模块。

第7章，网上商城的具体建设：介绍网上商城的具体设计，重点关注数据库表、购物车、订单等模块的设计与实现。

第 8 章，网站优化与发布：介绍网站的优化、编译和发布技术。

本书所用范例基本来自于我们的课堂教学，全部用 C#语言编写，并都经过作者的调试，能正常运行。每一章（除第 0 章外）均配有一定数量的习题，以方便学生课后巩固和练习每章的技术要点，书中所有的任务范例源文件和教学演示文件都可以在中国铁道出版社的网站上下载。

本书由王学卿、孙伟、郑广成编著，特别适合作为各级职业类学校计算机专业动态网站设计课程的教材，也可作为各类 ASP.NET 程序设计培训班的教学用书，还可作为广大计算机爱好者的自学参考书。

由于计算机技术的发展十分迅速，鉴于作者水平有限，书中难免会出现一些疏漏或不当之处，敬请广大读者批评指正。

编 者
2009 年 10 月

目录

| 单元 0 | 电子商铺简介 .... 1 |

单元 1　准备电子商铺开发环境 6

　　任务一　配置开发环境 7
　　任务二　建立第一个动态网页 10
　　任务三　建立第一个交互网页 16
　　思考与练习 24

单元 2　电子商铺基础知识 25

　　任务一　简单语法的综合应用 26
　　任务二　流程控制程序综合应用 30
　　思考与练习 35

单元 3　电子商铺用户注册 37

　　任务一　商铺用户注册界面的设计——
　　　　　　文本控件和选择控件 38
　　任务二　商铺用户照片上传的实现——
　　　　　　FileUpload 控件 49
　　任务三　商铺用户注册信息的验证——
　　　　　　验证控件 55
　　思考与练习 64

单元 4　电子商铺用户管理 66

　　任务一　操作准备与数据库连接——
　　　　　　connectionStrings 配置 67
　　任务二　删除数据表中的记录——
　　　　　　Delete 语句 71
　　任务三　向数据表中插入记录——
　　　　　　Insert 语句 73
　　任务四　修改数据表中记录的值——
　　　　　　Update 语句 74
　　任务五　查询数据表中的记录——
　　　　　　Select 语句 75
　　任务六　自定义分页显示——
　　　　　　双 Top 分页法 77
　　任务七　数据库操作类的建立——
　　　　　　创建类 80
　　任务八　商铺用户注册——Select 语句
　　　　　　和 Insert 语句综合应用 84
　　任务九　商铺用户登录——Select
　　　　　　语句应用 87
　　任务十　用户登录自定义控件的
　　　　　　建立——自定义控件 89
　　思考与练习 92

单元 5　电子商铺商品管理 93

　　任务一　商铺后台管理登录页的
　　　　　　设计——Select 语句和
　　　　　　Session 变量综合应用 94
　　任务二　后台商品管理页的设计——自
　　　　　　定义控件应用 95
　　任务三　添加商品——Web 控件
　　　　　　和 Select 语句综合应用 ... 100
　　任务四　批量添加商品——Excel 向
　　　　　　Access 导入数据 104
　　任务五　修改商品信息——Web 控件
　　　　　　与 Update 语句综合应用 ... 106
　　任务六　删除商品信息——Request 对象
　　　　　　和 Delete 语句综合应用 ... 111
　　任务七　导出商品信息——Access 向
　　　　　　Excel 导出数据 112
　　任务八　商品详细介绍页面的设计——
　　　　　　Select 查询结果展示 113
　　任务九　商品搜索页面的设计——参
　　　　　　数传递和接收的方法 116
　　任务十　分页显示更多商品——DataList
　　　　　　控件和分页技术综合应用 .. 119
　　思考与练习 125

单元 6　电子商铺留言板的制作 126

　　任务一　添加留言界面的制作——
　　　　　　Replace 方法 127
　　任务二　留言分页显示效果的实现——
　　　　　　Repeater 控件 130
　　任务三　多栏分页效果的实现——

　　　　DataList 控件 135
任务四　头像的添加与显示——
　　　　DropDownList 控件和 Image
　　　　控件 138
任务五　显示带有头像的留言——Repeater
　　　　控件和 \<img\> 标记 142
任务六　管理员登录页面的设计——
　　　　验证码技术 146
任务七　留言管理页的建立——Repeater
　　　　控件和参数传递 151
任务八　删除指定留言——Delete
　　　　语句和接收参数 153
任务九　回复留言——Select 语句
　　　　和 Update 语句综合应用 155
思考与练习 158

单元 7　电子商铺新闻系统 159

任务一　商铺新闻系统首页的设计——
　　　　GridView 控件 160
任务二　单条新闻详细内容的显示——
　　　　FormView 控件 167
任务三　更多新闻的分页实现——
　　　　GridView 控件和分页技术
　　　　综合应用 172
任务四　新闻后台登录页的设计——Select
　　　　语句和验证码技术应用 177
任务五　商铺新闻系统后台管理
　　　　页面——自定义控件、分页
　　　　和参数传递综合应用 178
任务六　商铺新闻的删除——Delete
　　　　语句和接收参数 183
任务七　商铺新闻的添加——Insert 语句
　　　　和 Replace 方法应用 184
任务八　商铺新闻的修改——Update 语句
　　　　和 Replace 方法应用 186
思考与练习 190

单元 8　购物车和订单 191

任务一　购物车的实现——Insert 语句、
　　　　Select 语句、Update 语句和
　　　　Delete 语句综合应用 192

任务二　生成订单——FormView 控件 198
任务三　订单打印——window.print
　　　　方法 200
任务四　发货单和收款单——
　　　　多表查询 204
任务五　退货单和退款单——Select 语句
　　　　和 Insert 语句综合应用 207
思考与练习 210

单元 9　电子商铺的完整实现 211

任务一　系统分析和数据库设计 212
任务二　商铺母版页的设计——
　　　　母版页 214
任务三　网站首页的设计——
　　　　母版页应用 223
任务四　网站后台管理页面设计——
　　　　TreeView 控件 226
任务五　商品管理的嵌入——页面
　　　　添加母版页 230
任务六　新闻系统、留言板的嵌入——
　　　　iframe 框架应用 233
任务七　用户积分管理——判断
　　　　语句和 SQL 语句应用 235
任务八　商品售后服务——聊天室
　　　　应用 237
思考与练习 239

单元 10　网站优化与发布 240

任务一　网站发布前的优化 240
任务二　网站的编译发布 242
任务三　申请域名和空间 243
思考与练习 245

附录 A　编辑网页常用快捷方式 246

附录 B　网页设计常用代码 248

附录 C　DIV+CSS 排版 250

C.1　理解 DIV+CSS 模型 250
C.2　DIV+CSS 布局实战 252

参考文献 258

电子商铺简介

知识目标

（1）了解电子商铺的系统框架；

（2）熟悉 ASP.NET 开发技术的相关基础知识。

技能目标

（1）掌握网站需求分析的基本方法；

（2）掌握网站界面效果设计的基本方法；

（3）掌握动态网站的设计方法。

电子商铺是 ASP.NET 动态网站技术中一个代表性的项目，本教材中所介绍的"第一佳电子商铺"网站中包含了留言板、新闻系统、商品管理系统、用户管理和在线购物等子系统，涉及 ASP.NET 动态开发技术的多方面知识。读者通过各章节的学习，可以熟悉和掌握 ASP.NET 的基础知识，并能用于实际开发。

1. 电子商铺系统分析

对电子商铺的功能进行分析，为后续开发做好准备。

整个电子商铺网站分为五个子系统：留言板子系统、新闻子系统、商品管理子系统、用户管理子系统、在线购物子系统，整个项目设计流程如图 0-1 所示。

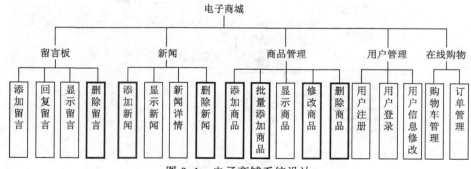

图 0-1 电子商铺系统设计

电子商铺用户包括系统管理员和普通用户，按照用户使用权限划分，图 0-1 中细线文本框中所示的功能是普通用户可以使用的功能，而粗线文本框中的功能只有系统管理员可以使用，通常将普通用户可以使用的功能称为前台，系统管理员使用的功能称为后台。

电子商铺的最终设计效果如图 0-2 所示，网页上部是导航条和搜索栏，下部是版权信息，左侧是登录框和商品目录,右侧显示网页的具体内容,在首页显示了热门商品信息,在单击左侧商品类别名后,将在右侧显示相应类别的所有商品,单击"焦点新闻"或"访客留言"时会在右侧显示留言和新闻的信息。用户登录后,可以单击"我的购物车"和"我的订单",查看购物车和订单的相关信息。

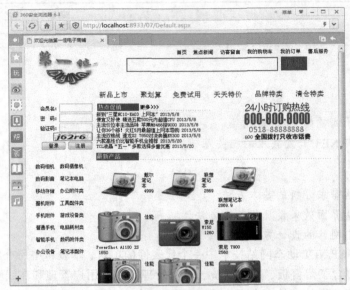

图 0-2　电子商铺首页效果图

当选择某商品后,可以查看该商品的详细信息,效果如图 0-3 所示。在查看信息时可以决定是否购买,不过要先登录才能购买,登录后不用每次购物时都要填写个人资料就可以直接购买。

图 0-3　显示产品详细信息

在用户登录后,选择查看商品时可以直接进行购买,在填入购买商品的数据后可以将其放入购物车,在购物车内可以再次修改所购商品的数量,或者从购物车中删除所购商品。购物车内的商品价格和应付的总价格如图 0-4 所示。

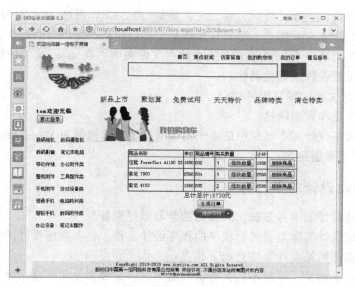

图 0-4　显示购物车

在显示购物车时可以选择继续购物或生成订单，当选择生成订单时可以显示所购商品的详细信息及用户的通信资料，如图 0-5 所示，这样就可以完成购物过程。

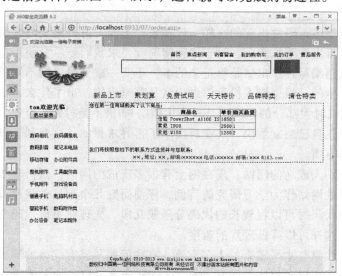

图 0-5　生成订单

开发一个电子商铺网站的步骤如下。

（1）需求分析：根据实际需要设计相关功能模块，并根据此分析给出合理的、满足需求的设计思路。

（2）设计效果图：一般这步由美工使用图像处理软件设计出最终效果图，根据需要进行修改，直到满意为止。

（3）设计数据库：根据上面的需求分析和最终效果，设计合理的数据库，建立合适的数据表和数据字段。

（4）网站具体设计：设计外观，建立一个新的 ASP.NET 网站，一般网站中不管是静态 HTML 网页还是动态的.aspx 网页，都要存放在一个网站中统一管理，因此在设计网页前先创建一个网站，然后再将所有网页建立在这个站点文件夹中。在.aspx 文件的设计视图中设计 Web 页面外观，设置控件的相关属性。

（5）在.cs 程序文件中编写事件代码。

（6）调试、优化和发布网站。

这个开发步骤不仅针对本教材中的电子商铺有效，对其他使用 Visual Studio 2012 制作的 ASP.NET 4.5 网站也是通用的。

2．动态网站设计的学习方法

掌握动态网站设计的学习方法，为后面的学习做好准备。

学习动态网站设计实际是要进行较多的程序设计工作，许多程序设计的学习方法可以借鉴，要快速掌握动态网站设计要注意如下几点。

（1）多上机、多动手：平时不能只听课和看书，一定要多上机多动手操作，教材中的例子自己至少要亲自动手编写一遍，上机时要避免不假思索地原样录入，把上机课当成打字课，更不能偷懒直接复制现成代码，运行通过就不管不问了。一定要认真思考代码的功能是什么，为什么这样设计，最后把这段代码的设计方法牢记于心，以后再遇到类似问题时可以直接拿来使用。

（2）学会调试程序：经常出现的这样一种现象，上课听讲时感觉内容很简单，但真正自己上机调试时问题百出，手忙脚乱。对于这种情况就要求我们要学会使用集成编译环境进行程序调试。要认识到编写程序出错是很正常的事，不要一碰到错误就不知所措，而是要学会分析问题是怎么产生的，根据错误提示信息确认是哪里出错，出了什么错，是字符打错了还是符号丢失了（上机时大部分的错误都是录入出错），如果不是打错了字符，是不是逻辑上出错了。有问题尽量先自己独立解决，实在解决不了再寻求帮助，这有利于积累经验，也有利于培养独立思考的习惯。

（3）要多研究别人成功的网站：现在网上有很多现成的网站，做得非常优秀，可以寻找一些适合自己水平的网站作为学习研究的范例，仔细研究几个网站往往比看很多教程更有效果。在阅读别人的代码时可以将较长的代码分隔成几段，先理解每段代码的功能后，再将各段代码连接起来，这样可以降低理解的难度。

（4）多交流：注意与水平较高的人多交流，有些问题早已有优秀的解决方法，自己就不用再苦思冥想了，还可以到程序员网站 www.csdn.net 向水平较高的人请教。

（5）善于使用相关帮助：为了更好地学习 ASP.NET，微软提供了很好的学习文档和快速入门文档，当安装了帮助系统后，就可以利用强大的帮助系统来解决学习过程中所遇到的问题。读者还可以到 MSDN 上寻找各种相关的帮助，此外还有一个 Microsoft .NET Framework SDK 中自带的快速入门文档，它用来指导用户快速了解 ASP.NET 的新特性，快速理解.NET 框架技术。用户还可以通过以下网站获得帮助：

- http://www.csdn.net：中国程序员网站。
- http://www.51aspx.com：可以下载到大量 ASP.NET 的源代码。
- http://www.ASP.NET/cn：微软 ASP.NET 官方网站。

- http://www.microsoft.com：微软网站。
- http://www.chinaaspx.com：中国 DotNet 俱乐部。
- http://www.connectionstrings.com：数据连接网。

知识拓展

这里主要介绍网站需求分析的知识。

网站设计之初可以根据客户的需求、资金、技术能力进行调研，给网站定位，选择网站内容。网站内容的选择，除了要符合网站的定位之外，还要考虑用户是否有需求。如果符合定位，但是用户没有需求，网站的内容也会变得没有价值。用户的需求可以分为易获得的需求和未被充分满足的需求。未被充分满足的需求是潜在的市场。未被满足的程度越高，这样的产品和服务就越好。

网站需求分析首先要明确两个内容：一是网站的角色，即网站的用户，明确网站面向的用户群体和用户群体需要的各种服务；二是网站的用例，即网站的功能，网站提供各种用例满足不同角色的需要。确定角色和用例之间的关系，明确用户使用各种功能的流程。

根据工程经验，有效性需求分析方法可以分为三个步骤。

1）访谈式阶段

这一阶段任务是和具体客户方的领导和业务人员进行访谈式沟通，主要目的是从宏观上把握用户的具体需求方向和趋势，了解现有的组织架构、业务流程、硬件环境、软件环境和现有的运行系统等客观的信息。

2）诱导段

这一阶段是在网站分析人员已经了解了具体用户方的组织架构、业务流程、硬件环境、软件环境、现有的运行系统等客观的信息基础上，结合现有的硬件、软件实现方案，做出简单的用户流程页面，同时结合以往的项目经验对用户采用诱导式、启发式的调研方法和手段，和用户一起探讨业务流程设计的合理性、准确性、易操作性和习惯性。

3）确认式阶段

这一阶段是在上述两个阶段成果的基础上，进行具体的流程细化、数据项的确认阶段，这个阶段网站分析人员必须提供原型系统和明确的业务流程报告、数据项表，并能清晰地向用户描述系统的业务流设计目标。

准备电子商铺开发环境

知识目标

（1）掌握集成开发环境 Visual Studio 2012 的工作原理；
（2）掌握动态网页的工作原理。

技能目标

（1）掌握集成开发环境 Visual Studio 2012 的安装方法；
（2）掌握新建 ASP.NET 网站流程；
（3）掌握新建动态网页的基本方法。

本教材使用的动态 Web 开发技术是 ASP.NET 4.5，集成开发环境采用 Visual Studio 2012，后台数据库可以使用 Access 或 SQL Server。考虑到本教材是面向初学者的入门教程，在本教材中使用了较为简单的 Access 2010 数据库。

任务设计

从无到有，建立一个动态网站，实现简单的人机交互功能，即由操作人员输入信息，计算机经过简单的处理，返回相应的信息，如图 1-1 所示。

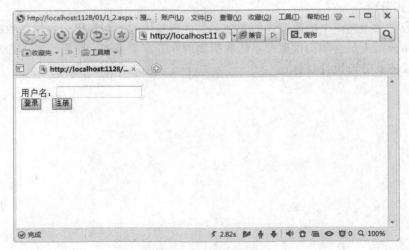

图 1-1　用户登录页面

任务分解

为了实现上述功能要求，将用户登录页面分解成三个任务：

任务一：配置开发环境。

从无到有，选择一台计算机，安装 Visual Studio 2012 开发环境，安装数据库 Access 和 SQL Server，为设计动态网站做好软硬件的准备。

任务二：建立第一个动态网页。

循序渐进，掌握动态网站的设计流程，制作第一个动态网页。

任务三：建立第一个交互网页。

根据任务要求，建立第一个交互网页。

任务一 配置开发环境

本任务将完成动态 Web 开发集成环境的安装，为制作动态 Web 项目——电子商铺做好准备。

任务描述

本任务主要为 ASP.NET 动态网站准备开发环境，介绍 .NET Framework、Visual Studio 2012 以及 Access 的安装。

知识目标

掌握集成开发环境 Visual Studio 2012 的工作原理。

技能目标

掌握集成开发环境 Visual Studio 2012 的安装方法。

任务实现

步骤一：安装前的准备

1. 软件准备

本项目使用 ASP.NET 4.5 进行 Web 应用开发，需要配置的开发环境大致包括：

- 操作系统是 Windows 7 或 Windows 8 以上的版本。
- 安装了 .NET Framework 4.5，这个框架是运行 .NET 程序必不可少的。
- .NET 集成开发环境（IDE）的安装，目前最好的集成开发工具是 Visual Studio 系列软件，本教材采用的集成开发环境是微软公司的 Visual Studio Ultimate 2012。
- 数据库的安装（可选），SQL Server 或 Access，这一步不是必须要配置的，考虑到 Access 数据库安装与配置较为简单，适合初学者使用，本教材主要以 Access 为主进行举例，在实际的大型开发中可以使用 SQL Server，微软为它提供了一系列的优化方案。
- Web 服务器 IIS 的配置（可选），因为 Visual Studio Ultimate 2012 自带了开发版的 Web 服务器，可以满足一般的开发需要，但在正式的服务器配置中必须安装 IIS，以满足发布后网站运行的需要。

实际对于初学者来讲,使用 ASP.NET 4.5 进行动态网站开发只要安装 Office 套件中的 Access。

2. 硬件准备

集成开发环境 Visual Studio Ultimate 2012 对计算机要求较高,尤其是对内存需求较高,安装前请先检查是否满足要求:

- 操作系统:Windows 7 SP1、Windows 8、Windows Server 2012 R2 SP1、Windows Server 2012。
- 硬件最低配置:CPU 1.6GHz,内存 1GB,5400 r/min 硬盘驱动器,1024×768 像素或更高的显示分辨率。
- 硬件建议配置:CPU 2.2 GHz 或更高,内存 2GB 或更大,显示器分辨率 1280×1024 像素,硬盘 7200 r/min。

步骤二:安装集成开发环境 Visual Studio Ultimate 2012

(1)将下载的文件用 WinRAR 解压,运行其中的 vs_ultimate.exe 文件,开始安装。

(2)选择安装路径:Visual Studio Ultimate 2012 对系统检测后弹出安装界面,如图 1-2(a)所示。

Visual Studio Ultimate 2012 提示安装程序需要的磁盘空间,可通过人机交互选择安装路径,并须选择"我同意许可条款和条件"才能单击"下一步"按钮,进入后续安装。

(3)选择安装功能:Visual Studio Ultimate 2012 在安装过程中弹出"要安装的可选功能"界面,如图 1-2(b)所示。根据需要选择其中的若干项。

(a)选择安装位置　　　　　　　　　　　　(b)"要安装的可选功能"界面

图 1-2　Visual Studio Ultimate 安装界面

(4)运行 Visual Studio Ultimate 2012:安装结束,运行 Visual Studio 2012,单击"开始"→"所有程序"→"Microsoft Visual Studio 2012"→"Visual Studio 2012"菜单项,启动 Visual

Studio 2012，可以看到 Visual Studio 2012 开发环境界面，如图 1-3 所示。

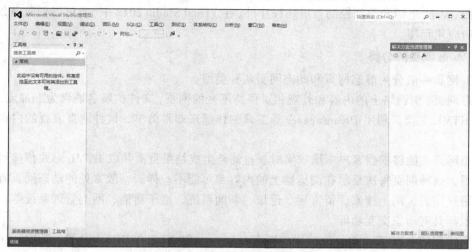

图 1-3　Visual Studio 2012 运行界面

步骤三：数据库的安装

可以在安装 Visual Studio 2012 时选择其中的 SQL Server 2012 或选择 Access 数据库。Access 是 Office 套件中的一个软件，可以是 Office2003、Office 2007 或 Office2010 中的任何一个版本，如果计算机中没有安装，可以重新运行 Office 安装程序，选择 Access 即可，如图 1-4 所示。

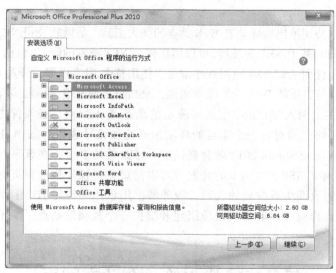

图 1-4　安装 Access 应用程序

知识提炼

1. MSDN

MSDN（Microsoft Developer Network）是微软的产品，专门介绍各种编程技巧。同时也是独立于 Microsoft Visual Studio 制作的唯一帮助型产品。目前，大部分文章存放在 MSDN 的网站上，可以免费参阅。

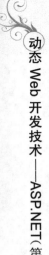

Visual Studio 2012 可以使用产品、工具和技术系列来生成功能强大、高性能的应用程序。除了桌面、Web、电话和游戏控制台应用程序外，在 Visual Studio 2012 中，还可以创建 Windows 应用商店应用程序。

2. Web 网页的分类

Web 网页一般分为静态网页和动态网页两种类型。

静态网页：指网络上的内容和外观相对保持不变的网页，文件扩展名通常为.htm 或.html，是一个 HTML 文档，利用 Dreamweaver 等工具制作起来非常简单，这种网页表现的内容相对固定。

动态网页：能够根据客户端请求实时、自动地生成结果页面并以 HTML 形式传递给客户端浏览器，这种网页每次显示在浏览器上的内容都可能不一样。一般常见的动态网页有用户登录、用户注册、网上搜索、留言板、论坛、新闻系统、电子商铺、网上管理系统等，动态网页一般都具有动态交互功能。

目前常用的动态 Web 页开发技术主要有：ASP、ASP.NET、PHP、JSP 等，其中 ASP.NET 是美国微软公司推出的企业级 B/S 模式 Web 应用程序开发平台，是早期 ASP 技术的替代产品，与类似技术相比，它提供了一个全新而强大的服务器控件结构，具有开发效率高、使用简单、支持多种开发语言、运行速度快等特点，是微软公司构建高交互性网站的旗舰技术。目前，在 Internet 上提供服务的大型网站有很多都是构建于 ASP.NET 之上的，ASP.NET 的发展相当迅速，版本不断更新，现在已经推出到 4.5 版本，功能不断增强。

3. ASP.NET 简介

ASP.NET 是微软公司推出构建动态 Web 站点的强大工具，是微软公司.NET 技术框架的一部分，它是一个已编译的、基于.NET 的环境,可以用任何与.NET 兼容的语言(包括 Visual Basic.NET、C#)创建应用程序。任何 ASP.NET 应用程序都可以使用整个.NET 框架，开发人员可以方便地获得这些技术的优点。与以前的 Web 开发模型相比，ASP.NET 拥有很多更加强大的优势。

为了制作有效的、引人注目的、数据库驱动的动态 Web 站点，必须首先拥有一个稳固的架构来运行 Web 页面，同时有一个丰富的环境来创建和编写这些动态 Web 页面。Microsoft 的 ASP.NET 4.5 和 Visual Studio 2012 联合提供了一个最佳的平台，在该平台上可创建动态和交互的 Web 应用程序。ASP.NET 4.5 的开发者可以简单地把控件拖放到页面中并在向导中回答一些问题，控件为页面生成少量的代码，服务器使用该代码构建 HTML 页面，然后把页面发送到浏览器上，这样就可以非常快速地组建和维护一个复杂的站点，而不用像以前版本一样编写过多的代码。

任务二　建立第一个动态网页

Visual Studio 2012 安装完成，就可以建立网页了，在 Visual Studio 开发环境中，通常采用先建立网站，然后再建立网页的方式，这样可以使用网站的方式管理动态网页，有助于后期的网站发布。

任务描述

使用 Visual Studio 2012 建立第一个动态网页,当运行后显示出当前服务器的日期和时间，最终效果如图 1-5 所示。

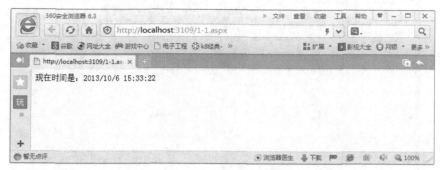

图 1-5　动态网页显示效果

知识目标

熟悉建立网站与网页的过程，了解代码存储方式等相关概念。

技能目标

掌握建立网站和网页的方法。

任务实现

步骤一：新建网站

（1）运行 Visual Studio 2012，打开"文件"菜单，选择"新建"→"网站"菜单，如图 1-6 所示。

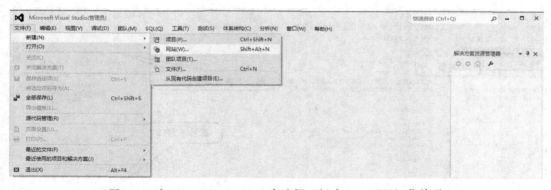

图 1-6　在 Visual Studio 2012 中选择"新建"→"网站"菜单项

（2）在弹出的"新建网站"对话框中，选择"已安装—模板"中的"Visual C#"选项，在"Web 位置"下拉列表框中选择"文件系统"选项，同时指定网站位置为"E:\ WebSite\ WebSite1"。注意，在图 1-7 顶部的下拉菜单中选择".NET Framwork 4.5"选项，然后选择"ASP.NET 空网站"，单击"确定"按钮即可创建 ASP.NET 网站。Visual Studio 中选择.NET Framework 版本的技术称为多定向（Multi-targeting）技术，用户可以通过它来选择使用哪个版本的.NET Framework，默认选择.NET Framework 4.5，也可以选择早期版本进行开发。

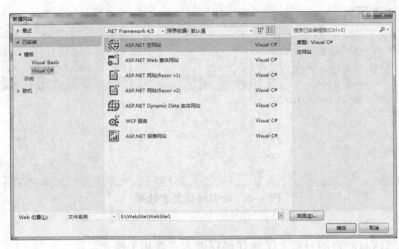

图 1-7 "新建网站"对话框

步骤二：建立窗体网页

建立好网站后，系统将转换到图 1-8 所示的界面，注意右侧"解决方案资源管理器"中默认建立了一个 Web.config 文件。Web.config 文件是一个 XML 文本文件，它用来储存 ASP.NET Web 应用程序的配置信息，可以出现在 Web 网站的每一个目录中。当用户通过.NET 新建一个网站后，默认情况下会在根目录自动创建一个默认的 Web.config 文件，包括默认的配置设置，所有的子目录都继承它的配置设置。

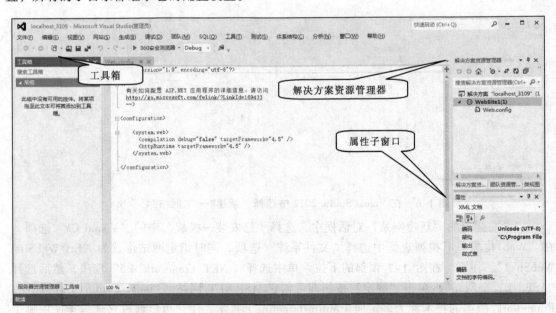

图 1-8 Visual Studio 2012 界面

现在可以新建 ASP.NET 网页，详细操作步骤如下：

（1）在 Visual Studio 2012 界面中选择"文件"菜单中的"新建"→"文件"菜单项，在弹出的对话框中选择"Web 窗体"选项，文件命名为 1-1.aspx，如图 1-9 所示，选择的语言是 Visual C#，选择"将代码放在单独的文件中"复选框，表示采用代码后置的方式，即将程序代码单独存放在新文件 1-1.aspx.cs 中。

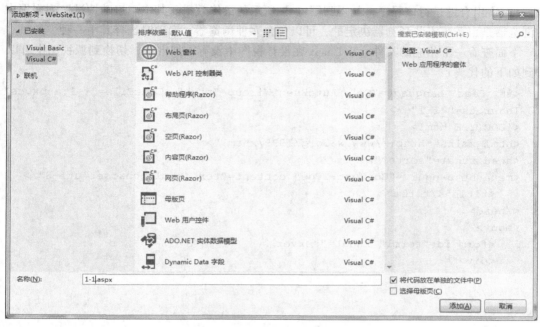

图 1-9 "添加新项"对话框

（2）在.aspx 网页和.aspx.cs 文件之间使用类似下面的代码进行联系（以 1-1 网页为例）：
`<%@ Page Language="C#" AutoEventWireup="true" CodeFile="1-1.aspx.cs" Inherits="_1_1" %>`

其中开头的 CodeFile="1-1.aspx.cs"指明了对应的代码后置文件，Inherits="_1_1"指明 1-1.aspx.cs 中相关的类，`<form id="form1" runat="server" >…</form>`是一个 Web 表单，在其中放置显示的控件或其他显示方面的信息。

步骤三：建立后台程序文件

在窗体文件 1-1.aspx 的设计视图中双击页面空白处，将会打开程序文件 1-1.aspx.cs，在其中输入如下程序代码：

```
Protected void Page_Load(object sender, EventArgs e)
{
    Response.Write("现在时间是: ");
    Response.Write(DateTime.Now);//输出当前服务器时间
}
```

在本教材中凡是由用户手工输入的代码将使用加粗字体表示，其他不加粗的代码是 Visual Studio 2012 自动生成的，这样读者在阅读时容易注意到手工录入的代码，有利于阅读和理解。在本任务中实际输入的是上面加粗的第三行和第四行代码，其功能是用 Response.Write 输出当前服务器的时间和日期。需要注意的是 C#区分字母大小写的，在输入的时候，一定要注意大小写问题。

Response.Write()的功能是向网页中输出内容，括号内可以是变量、字符串、HTML 标签、JavaScript 语句及它们的组合，本例中第三行输出的是一个字符串,第四行输出一个日期变量。

步骤四：运行网页

保存文件后，切换到窗体文件 1_1.aspx 中，选择工具栏中的"360 安全浏览器"或按【Ctrl+F5】组合键运行该程序，就得到图 1-5 所示的最终效果。其中"启动调试"列表框中的浏览器是由系统安装浏览器决定的，可以包含多种浏览器，启动时选择其中一种。

下面查看一下相应的文件：1-1.aspx 在设计视图中没有添加内容，切换到源视图中可以看到如下的代码：

```
<%@ Page Language="C#" AutoEventWireup="true" CodeFile="1-1.aspx.cs" Inherits="_1_1" %>
<!DOCTYPE html>
<html xmlns="http://www.w3.org/1999/xhtml">
<head runat="server">
<meta http-equiv="Content-Type" content="text/html; charset=utf-8"/>
    <title></title>
</head>
<body>
    <form id="form1" runat="server">
    <div>

    </div>
    </form>
</body>
</html>
```

相应程序文件 1-1.aspx.cs 的源代码如下：

```
using System;
using System.Collections.Generic;
using System.Linq;
using System.Web;
using System.Web.UI;
using System.Web.UI.WebControls;
public partial class _1_1 : System.Web.UI.Page
{
    protected void Page_Load(object sender, EventArgs e)
    {
        Response.Write("现在时间是：");
        Response.Write(DateTime.Now);//输出当前服务器时间
    }
}
```

知识提炼

1. 在建立 ASP.NET 网站时可以建立三种类型的网站

（1）本地 IIS 网站：需要安装 IIS，文件要存储在 Web 应用程序根目录（通常默认为文件夹 C:\Inetpub\wwwroot）下，此时需要先检查操作系统中是否安装了"Internet 信息服务"。（查看"开始"→"程序"→"管理工具"中有没有"Internet 信息服务"）

（2）远程网站：使用文件传输协议（FTP）连接到的 Web 应用程序，开发过程中需要连接到远程服务器。

（3）文件系统网站：主要用于本地计算机上的开发，网站文件一般不与 Internet 信息服务（IIS）应用程序关联，在开发阶段推荐使用这种方式。Visual Studio 2012 自带了一个轻型的"开发服务器"，这样即使不安装 IIS，也可以进行开发与调试，网站在运行时将在地址栏中生成包含随机端口的 URL，在浏览器中会看到类似于 http://localhost:3109/1-1.aspx 形式的 URL。本教材中全部使用文件系统方式进行开发。

2．Visual Studio 2012 工作界面介绍

1）菜单栏

Visual Studio 2012 的主要命令都放在菜单中，相对微软公司其他的产品而言，风格十分类似，只是可用的菜单项比 Office 之类的软件更多些。

2）工具栏

把菜单中使用频率较高的一些菜单项做成小图标放置在工具栏中。菜单和工具栏是上下文相关的，在不同的情况下，菜单和工具栏的显示是不相同的，可以根据需要显示一些当前情况下需要的菜单项目和工具栏项目。

3）工具箱

工具箱中包含按类别分类的常用控件，用户可以按类选择所需控件，也可以添加一些控件。工具箱采用浮动、自动隐藏、停靠等多种方式显示。

4）"解决方案资源管理器""属性""服务资源管理器"等窗口

这些都是开发阶段常用的窗口，用浮动、自动隐藏、停靠等多种方式显示。

5）Web 窗体编辑区

编辑区是主要的工作区，类似于 Dreamweaver 等网页设计软件，设计者可以在可视化的设计视图、拆分视图和显示源代码的源视图之间切换，工具箱中的控件可以拖放到设计视图，也可以拖放到源视图。

6）状态栏

状态栏用于提示当前的工作状态。

3．关于代码存储方式

在新建网页时有两种存储代码方式：单一方式和代码后置（Code_Behind）方式，是否选择"将代码放在单独的文件中"复选框，决定使用单一方式还是代码后置方式。

单一方式：建立的新网页将显示信息的代码和逻辑控制代码放置在同一个.aspx 文件中，逻辑控制代码放置在网页开头的<script>…</script>标记之间。这种方式有利于从全局上把握显示代码和逻辑代码，方便看清代码与显示控件之间的关系，熟悉 ASP 技术的读者可能习惯于这种方式。

代码后置方式：将会同时建立两个相关的文件，一个是主要用于信息显示的.aspx 文件，另一个是主要用于控制程序逻辑的.aspx.cs 文件，将显示的内容与程序代码分离，这种方式可能更适合熟悉 Visual Basic 技术的读者，一般可以用于开发较复杂的网页。

4．动态页面工作原理

动态页面工作原理如图 1-10 所示。

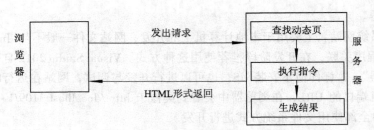

图 1-10 动态网页执行过程

（1）浏览器端发出对动态网页的请求。
（2）Web 服务器找到此动态网页并执行其中指令，将执行结果生成 HTML 流。
（3）将执行结果生成的 HTML 流传送回浏览器。
（4）浏览器收到后将此 HTML 流显示出来。

任务三 建立第一个交互网页

上面的网页只是实现了单向的输出，并没有与用户交互的功能，下面建立一个能与用户交互的网页。

任务描述

建立一个动态交互网页，开始运行时如图 1-11 所示，出现登录文本框和登录、注册按钮，其中登录按钮不可用。用户输入用户名，单击"注册"按钮，将激活"登录"按钮同时清空文本框，用户输入与注册相同的用户名，单击"登录"按钮，弹出"登录成功"提示框，如图 1-12 所示，单击"确定"按钮后输出"***，欢迎光临本网站"的信息，***为用户在文本框中输入的内容，如图 1-13 所示。否则，显示"登录失败"，如图 1-14 所示。

图 1-11 第一个动态交互页开始界面

图 1-12 输出登录成功提示框

图 1-13　输出欢迎光临的界面

图 1-14　登录失败

知识目标

了解属性、事件和页面回传的概念。

技能目标

掌握属性的设置方法、事件的触发方法和输出语句的使用方法。

任务实现

步骤一：构建窗体网页

新建一个窗体网页 1_2.aspx，在其中输入"用户名："，并在其后从工具箱中拖动一个文本框 TextBox1、两个按钮 Button、一个 Label 标签，分别修改两个按钮的 Text 属性为"登录"和"注册"，如图 1-15 所示。

图 1-15　窗体页的设计界面

步骤二：建立程序代码文件 1_2.aspx.cs

双击图 1-15 的页面空白处，转到 1_2.aspx.cs，添加如下代码：

```csharp
using System;
using System.Collections.Generic;
using System.Linq;
using System.Web;
using System.Web.UI;
using System.Web.UI.WebControls;
public partial class _1_2 : System.Web.UI.Page
{
    static string strname;                    //设置静态变量，刷新网页可以保存变量值
    protected void Page_Load(object sender, EventArgs e)
    {
        if(!IsPostBack)                       //判断网页是否是第一次运行
            Button1.Enabled=false ;           //将登录按钮设置为不可用
    }
    protected void Button2_Click(object sender, EventArgs e)
    {
        strname = TextBox1.Text;              //保存注册内容
        Button1.Enabled=true;                 //使登录按钮可用
        TextBox1.Text="";                     //清空文本框内容
    }
    protected void Button1_Click(object sender, EventArgs e)
    {
        if(strname ==TextBox1.Text.ToString ())
        {
            Response.Write("<script>alert('登录成功！')</script>");//弹出警告框
            Label1.Text =TextBox1.Text+ "，欢迎光临本网站"; //显示文本框中内容
        }
        else
        {
            Label1.Text ="登录失败";
        }
    }
}
```

上述大部分代码是自动生成的，只要在网页加载事件代码中输入加粗字体部分的代码即可。前面的 using ……是表示导入命名空间，如 using System 等，一般写在程序代码的最前面。高级语言总是依赖于许多系统预定义的元素，如果您是 C 或 C++的程序员，那么您一定熟悉使用#include 之类的语句来导入其他 C 或 C++源文件，C#中的 using 含义与此类似，用于导入预定义的元素。这样在自己的程序中就可以自由地使用这些元素。如果没有导入命名空间，就必须在代码中加入命名空间，书写起来十分不便。

在 Page_Load 事件中的代码如下：

```csharp
if (!IsPostBack)
    Button1.Enabled = false;
```

表示当网页第一次加载时要执行的程序代码，其中的 IsPostBack 是一个逻辑值，表示当前网页是否回传，在 ASP.NET 页面中有一些事件是被 Web 服务器自动调用的，也有一些事件是需要被激发才能执行的。

> 知识提炼

1. ASP.NET 页面事件

ASP.NET 页面事件一般有 11 个，按执行的先后顺序依次是：OnPreInit、OnInit、OnInitComplete、PreLoad、OnLoad、控件事件、OnLoadComplete、OnPreRender、SaveStateComplete、Render、OnUnload，其中最常见页面事件如下。

Page_Load()：在页面被加载的时候，自动调用该事件。

控件事件：由用户在客户端浏览器上触发的各种事件，如按钮的单击事件等。

2. 页面回传 PostBack

页面回传是一个重要的概念，往往和常用的页面事件关联在一起发挥作用，常见的页面事件如下。

通常在 Page_Load() 事件中存放页面每次加载时要运行的代码，使用 IsPostBack 回传属性来判断用户是否第一次加载该页面，往往将第一次要执行的代码且以后不用每次加载时都要执行的代码与回传代码区分开，如数据库的连接语句等，一般的写法是：

```
protected void Page_Load(object sender, EventArgs e)
{
    if(!IsPostBack)//如果是第一次加载网页，请注意写法
    {
    /*第一次运行网页时执行这些代码，以后再运行这个网页即回传时不会再次运行这些代码*/
    }
    else
    {
        //再次加载即回传时执行的代码
    }
}
```

在 ASP.NET 中，只要触发一个控件事件，页面就将被提交。这种情况比较常用，后面还会多次用到。

网页执行的流程如图 1-16 所示。

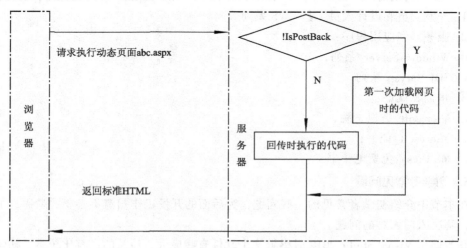

图 1-16　ASP.NET 页面的处理过程

3. 输出语句的用法

在 ASP.NET 中可以使用 Response.Write 语句输出一段文字、变量，也可以使用 Response.Write("<script>…</script>")的形式输出一段 JavaScipt 脚本，例如在"登录"按钮单击事件代码：

```
if(strname==TextBox1.Text.ToString ())
{
    Response.Write("<script>alert('登录成功！')</script>");
    Label1.Text=TextBox1.Text+ "，欢迎光临本网站";
}
```

其中 Response.Write 输出的是一段脚本，其中要执行的脚本要用<script>…</script>的形式包含起来，alert('登录成功！')的作用是弹出内容是"登录成功"的消息框。而 Label1.Text=TextBox1.Text+ "，欢迎光临本网站";的作用是将文本框中内容和指定的字符串连接起来，并显示在标签 Label1 中。

4. DreamSpark（梦想火花）

DreamSpark 是一项 Microsoft 计划，通过允许出于学习、教学和研究的目的来访问 Microsoft 软件，从而为技术教育提供支持。DreamSpark 为学生免费提供 Microsoft 专业级开发人员和设计人员工具，让学生可以追逐自己的梦想并实现技术上的新突破，或者为其职业开创一个良好的开端。

参加 DreamSpark 步骤：

（1）需申请 edu 的邮箱，一般情况下，各高校都有邮件服务器，其中包含 edu 邮箱，可到校园网的邮件服务器上申请。

（2）打开 Microsoft DreamSpark 网站（网址 https://www.dreamspark.com），在网页顶端选择"学生"超链接。

（3）在"学生"页面单击"1.创建账户"，根据提示使用 edu 邮箱创建 DreamSpark 账户。

（4）使用创建的账户登录 Microsoft DreamSpark 网站，根据需要下载软件。软件包括：

① 开发人员和设计人员工具：VS 系列。

② 服务器和应用程序：

a. Windows Server 系列；

b. SQL Server 系列。

③ 培训&认证：

a. Microsoft 虚拟学院；

b. Microsoft 证书；

c. MS Press 免费电子书。

5. 初学者常见问题

在本节中介绍初学者常见的一些问题，为后面的开发工作扫清不必要的障碍，加快上手速度，解决入门困难的问题。

开始使用 Visual Studio 2012 时感觉这个软件有些庞大，涉及的内容比较多，初学者往往会碰到一些小的问题，给初学者的学习带来了不少麻烦。为便于读者学习和掌握，这里将一些初学者经常遇到的问题总结如下：

（1）先打开站点，再打开站点内的文件。很多初学者开始使用 Visual Studio 2012 时没有打开站点而是直接打开一个.aspx 窗体文件，常见的错误操作是在"我的电脑"或"资源管理器"中双击一个.aspx 文件，结果打开了 Visual Studio 2012，也看到了要查看的.aspx 文件，但运行时常常会出错。正确的操作是先启动 Visual Studio 2012 再使用"打开"→"网站"命令打开站点所在文件夹，最后在 Visual Studio 2012 的"解决方案资源管理器"中打开站点内的某个文件。

（2）在新建文件时就要给文件命名，请考虑好名称，尽量不要以后再重新命名，尤其不要用另存为，这会引起.aspx 和.cs 文件关联错误。

（3）新建文件对话框会为在"解决方案资源管理器"中选择不同的文件夹而有所不同，如果要在站点某文件夹下新建文件，就先选择该文件夹。例如，在站点根文件夹下新建.aspx 文件时就单击站点根文件夹，在弹出的对话框中选择"Web 窗体"并注意选择代码后置方式，语言选择 Visual C#。

（4）运行调试时，单击工具栏中"在浏览器中查看"，就可以查看到当前页面的运行结果。也可以按 F5 键启动调试运行，或者按 Ctrl+F5 组合键不进行调试直接运行，使用 F5 时会弹出图 1-17 所示的对话框，在站点根目录添加一个站点配置文件 web.config。按 Ctrl+F5 组合键则没有这个对话框。如果代码有错误（不管是不是当前文件有错误，只要是当前站点内的文件有错误），就会在运行时给出提示对话框，如图 1-18 所示，一般要单击"否"停止运行，在代码编辑区下方可以看到错误提示，在代码编辑区也会给出波浪线的提示，提醒注意错误发生的位置，双击错误提示信息会自动转到相应的出错行，这可以大大提高排错的效率。图 1-19 中提示第 14 行 2 列应该输入一个"}"作为结束标志。

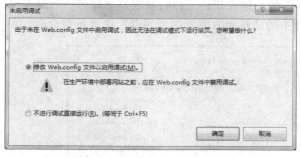

图 1-17 "未启用调试"对话框

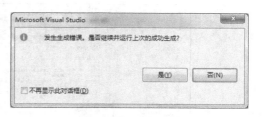

图 1-18 发生错误时的提示框

（5）在编辑时注意运用智能提示，这可以大大提高代码录入的速度，同时减少输入错误，如果在应该出现智能提示时而没有出现，一般要检查一下是否有拼写错误和大小写错误，是否在.cs 文件开头添加了相应的命名空间。

（6）一个示例做完后再做第二个例子时不用重新建立站点，只要在当前站点内新建一个网页文件就可以了。

（7）设置控件属性时，有时属性面板不能及时显示所选控件的属性，这时可以右击控件，从弹出的菜单中选择"属性"。

（8）学习过 Dreamweaver 的同学如果习惯表格布局，会发现在 Visual Studio 中表格布局方式不如 Dreamweaver 方便，可以考虑使用 Div+CSS 方式布局。

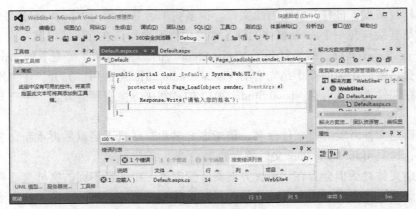

图 1-19 出错提示

（9）在编辑文件时要注意以下错误：
- 语句结束时忘记输入分号：C#语法规定每条语句后要都用一个分号表示结束。
- 没区分大小写：如把 S 和 s 当成一个变量使用了。
- 括号不匹配：括号没有成对出现，尤其是大括号，建议输入左括号 "{" 的同时就输入右括号 "}"，不要等输入许多行代码后再加上。
- 程序文件（.aspx.cs 文件）不匹配，如图 1-20 所示。一般是文件另存为新文件名造成的，因为另存为新名称时，程序文件名（.aspx.cs 文件）还保持原名，并未能同步修改，后期的操作中又删除了原来的.aspx 文件后就出现这个错误。如果使用了"另存为"命令，请将.aspx 和.aspx.cs 都另存为新名称，并修改.aspx 源代码首行语句中 CodeFile 为新的.aspx.cs 文件名，让它和.cs 文件一致。建议新建文件时就起好文件名，如果非要将文件重命名就在 Visual Studio 2012 中的"解决方案资源管理器"中进行重命名。

图 1-20 窗体文件与程序文件不匹配

- web.config 冲突：这一般是由于根目录和子文件夹中各有一个 web.config 造成的，往往是复制别人做好的例子到自己的站点文件夹中后出现，最简单的处理方法是删除子文件夹中的 web.config 文件（当然也可以修改其中一个 web.config）。
- 站点内错误文件影响当前文件的执行：开始学习时，有时站点内会有多个文件存在，只要其中有一个文件内有错，在按 F5 键进行调试时就会报错，为解决这个问题，可以仔细查看"错误列表"面板，双击其中的错误即可找到相应的错误所在行，可以将相应错误进行修改或者在"解决方案资源管理器"中右击该文件名,选择"从项目中排除"命令,这样就可以解决调试时报错的问题了。

(10)程序代码中的事件与事件参数

在上面的示例中有一段代码如下:
```
protected void Page_Load(object sender, EventArgs e)
{    }
```

这是由 Visual Studio 2012 自动生成的窗体加载 Page_Load 事件代码,Visual Studio 2012 可以为每个控件提供所有可用事件,如果要生成一个事件对应的程序代码(如生成按钮控件的单击事件程序、网页 Page_Load 事件代码),只须双击控件即可。

另外要说明的是,所有的 ASP.NET 事件处理程序都有两个参数,即 sender 和 e,对初学者来讲可以简单地理解为参数 sender 表示谁发生了事件,参数 e 表示发生了什么事。比如,单击了一个按钮 Button1,程序怎么知道应该用哪个函数来处理这个动作呢?一般通过参数 sender 来指明是 Button1 这个控件发生了事件,用 e 来表示它被"单击",根据这些调用对应的处理方法 Button1_Click。当然,这个方法要完成什么,要由你自己来写。

本节只列举了一部分常见注意事项,主要是帮助初学者尽快运用 Visual Studio 2012 进行设计,在后继的学习中可能会碰到其他各类问题,请注意参考相关帮助。

6. 常见 ASP.NET 文件类型

熟悉 ASP.NET 4.5 常见的文件类型,将为后续的开发工作带来方便,在 ASP.NET 中有很多类型的文件,扩展名各不相同,一个 ASP.NET 4.5 网站通常会包含表 1-1 所示的文件。

表 1-1 ASP.NET 4.5 文件类型说明

文件扩展名	用途及说明
.aspx	网页文件,Web 网站运行的主体,浏览器向服务器请求执行此类文件,负责网页内容的显示,相当于网页的前台
.aspx.vb 或 .aspx.cs	程序文件,是 ASP.NET 网页文件的后置文件,存放网页中要执行的事件代码,与 .aspx 相互配合,如同网页文件的后台
web.config	是一个基于 XML 的配置文件,用来存储 ASP.NET 网站的配置信息
.ascx	用户自定义控件文件,可当成一个控件被多个 .aspx 文件调用
Global.asax	一个可选文件,ASP.NET 系统环境设置文件,相当与 ASP 中的 Global.asa,在 Web 应用程序中只能有一个
.asmx	制作 Web Service 的原始文件
.sdl	制作 Web Service 的 XML 格式的文件

其中最常用的有:

(1)网页文件(.aspx),又称 Web 窗体文件。它是网站应用程序运行的主体,在 ASP.NET 中的基本文件就是以这些扩展名为 .aspx 的文件,一个 ASP.NET 网站就可以看作由众多 .aspx 文件组成,它们往往负责网页内容的前台显示。

(2).aspx.cs 文件,也称为程序文件,是 ASP.NET 网页文件的后置文件,主要是配合网页文件的执行,相当于 .aspx 文件的后台。

当使用 Visual Studio 2012 作为开发工具时,还会自动生成一些重要的文件夹:

- App_Data：数据共享文件夹，用来存放数据文件，如数据库文件、XML 文件等，并且出于安全考虑，无法通过 URL 地址直接访问，也可以存放需要受到保护的文件。
- App_Code：代码共享文件夹，用来存放应用程序中所有网页都可以使用的共享文件。将类文件存放在该文件夹下，就可以被网站中所有网页调用。

思考与练习

（1）简述动态网页的工作原理。

（2）在 ASP.NET 网站通常由哪些类型的文件和文件夹组成？

（3）Response.Write 的输出内容中可以包含 HTML、字符串、变量和脚本语句，请参考书中的示例，用 Response.Write 输出下面自己的资料：

我的姓名是：李大海

我的性别是：男

要求字体为宋体、颜色为红色、大小为 3 号，姓名后要换行。

（4）使用 if 语句编写代码，要求第一次启动页面时显示：

第 1 次启动

之后每次刷新页面数字加 1。

（5）找到"视图"菜单，解决方案资源管理器，属性窗口，尝试设置窗口的各种显示方式，练习使用"查找替换"和"设置文档格式"，体验最快捷方式。

→ 电子商铺基础知识

知识目标

（1）熟悉 C#的基本工作原理；
（2）掌握 C#的常用数据类型、表达式、运算符；
（3）掌握控制语句的使用方法。

技能目标

（1）掌握 C#中变量转换方法；
（2）掌握 C#中 if 语句和 switch 语句的使用方法；
（3）掌握 C#中 for 语句、while 语句和 do…while 语句的使用方法。

在进行真正开发以前，读者需要熟悉一下开发 ASP.NET 所使用的语言，目前在.NET 平台上可以使用多种语言，常用的有 Viusal C#、VB.NET 等，考虑到现在国内教材和上源代码大多采用 Visual C#，在此我们也推荐初学者使用 Viusal C#语言，以便更容易找到相关资料。

C#（读作"C Sharp"，不要读成"C 井号"）是一种最新的面向对象的编程语言，它使得程序员可以快速地编写各种基于 Microsoft .NET 平台的应用程序，C#是.NET 平台的通用开发语言，它能够建造所有的.NET 应用，其固有的特性保证了它是一种高效、安全、灵活的现代程序设计语言，从最普通的应用到大规模的商业开发，C#与.NET 平台的结合为你提供了完整的解决方案。C#语法风格源自 C/C++家族，融合了 Visual Basic 的高效和 C/C++的强大，它使得程序员能够在微软新的.NET 平台上快速开发种类丰富的应用程序，其一经推出便以其强大的操作能力、优雅的语法风格、创新的语言特性、良好的面向组件编程而深受世界各地程序员的好评与喜爱，在.NET 运行库 CLR 的支持下，.NET 框架的各种优点在 C#中表现得淋漓尽致。

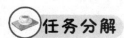任务设计

本教材主要讨论动态网页的相关内容，因此将涉及的所有 C#语法内容及相关程序都放在 ASP.NET 网页中进行处理，所有程序编辑和运行都是放在 Visual Studio 2012 集成环境中。当然如果想细致掌握 C#语法，请参考相关的语法书籍。

任务分解

为了简单地复习 C#语法，将 C#语法知识分为两个任务：
任务一：简单语法的综合应用。

通过简单的实例讲解变量、表达式、变量转换的知识。
任务二：流程控制程序综合应用。
通过实例讲解顺序结构、判断结构和循环结构的使用方法。

任务一 简单语法的综合应用

任务描述

建立一个简单的产品总价计算器，当用户在网页中输入产品单价和购买数量，即可计算要付款的总价格，效果如图 2-1 所示。

知识目标

熟悉 C#基本用法，熟悉变量的定义、类型转换及混合运算。

技能目标

掌握类型转换的各种方法。

图 2-1 常量变量结合运算结果

任务实现

步骤一：新建窗体网页

在 Visual Studio 2012 新建窗体文件 2-1.aspx，添加两个文本框、一个按钮、一个标签，并输入相应的提示文字，如图 2-1 所示。在源视图中可以看到如下代码：

```
<%@ Page Language="C#" AutoEventWireup="true" CodeFile="2-1.aspx.cs" Inherits="_2_1" %>
<!DOCTYPE html PUBLIC "-//W3C//DTD XHTML 1.0 Transitional//EN" "http://www.w3.org/TR/xhtml1/DTD/xhtml1-transitional.dtd">
<html xmlns="http://www.w3.org/1999/xhtml">
<head runat="server">
    <title></title>
    <style type="text/css">
        .style1{text-align: center;}
        .style2{font-size: x-large;font-weight: bold;}
    </style>
</head>
<body>
    <form id="form1" runat="server">
```

```html
            <div class="style1">
                <span lang="zh-cn"><span class="style2">产品总价计算器：
                </span><hr /><br />
                产品单价：</span><asp:TextBox ID="TextBox1" runat="server"></asp:TextBox>
                <span lang="zh-cn">元 （请输入数字）</span><br />
                <span lang="zh-cn">购买数量：</span><asp:TextBox ID="TextBox2" runat= "server"></asp:TextBox>
                <span lang="zh-cn">个 （请输入整数）</span><br />
                <asp:Button ID="Button1" runat="server" onclick="Button1_Click" Text="计算总价" />
                <br /><br />
                <asp:Label ID="Label1" runat="server" Text="Label"></asp:Label>
            </div>
        </form>
</body>
</html>
```

步骤二：设计程序文件 2-1.aspx.cs

在窗体文件 2-1.aspx 设计视图的空白处双击，切换到程序文件 2-1.aspx.cs，输入程序代码，最终生成如下程序代码。

```csharp
using System;
usingSystem.Collections.Generic;
usingSystem.Linq;
usingSystem.Web;
usingSystem.Web.UI;
usingSystem.Web.UI.WebControls;

public partial class _2_1 : System.Web.UI.Page
{
protected void Page_Load(object sender, EventArgs e)
    {
    }

protected void Button1_Click(object sender, EventArgs e)
    {
        double dSum=0;              //定义变量类型并赋初值
        //定义变量 iNum，并将文本框中的值转换为整型作为其初值
        intiNum = Convert.ToInt32(TextBox2.Text);
        doubledPrice=Convert.ToDouble(TextBox1.Text);
        dSum = iNum * dPrice;        //数值混合运算，最终结果转换为 double 型
        //字符串相加运算最终是连接成一个长字符串
        Label1.Text ="产品总价格是："+ dSum.ToString()+"元";
    }
}
```

在本任务中，涉及不同类型 C#变量定义、变量类型转换和混合运算。

知识提炼

C#语言的有关基础知识如下：

1. C#的数据类型和表达式

C#的数据类型分为值类型（Value Type）和引用类型（Reference Type）两大类。值类型

包括简单类型（Simple Type）、结构类型（Struct Type）和枚举类型（Enum Type）3 种。引用类型包括类类型（Class Type）、数组类型（Array Type）和代表类型（Delegate Type）。

2. 变量和常量

变量是在内存中存放数据的一片区域，一个变量类似于一个小盒子，其中所装的内容就是对应的数据，给变量命名要遵守如下规则：

- 变量名中除了能使用 26 个英文大小写字母和数字外，只能使用下画线 "_"，第一个字符必须是字母或下画线，不能以数字开头；
- 变量名不能是 C#保留关键字如变量类型名、库函数名、类名和对象名等；
- 变量名不要太长，一般不超过 31 个字符为宜；
- C#是大小写敏感的，例如变量名 id, ID, iD 是不同的名称。

变量名通常要求直观，通过名字就能知道它的类型与作用。例如，看到 CardID 这个变量名，就知道它表示区分员工的员工卡编号，即使简化成 ID 也很清楚。变量命名的方式，决定了程序书写的风格，在整个程序中保持同一风格很重要。

变量有几种典型的命名方法，常用的有骆驼表示法和匈牙利表示法：

骆驼表示法：以小写字母开头，以后的单词都以大写字母开头。如 myCart

匈牙利表示法：在每个变量名的前面加上若干表示类型的字符。如 iMyCar 表示整型变量。strEdit 表示字符型变量，推荐使用匈牙利表示法。

常用的数据类型缩写有：string 缩写为 str，int 缩写为 i，char 缩写为 chr，float 缩写为 f，double 缩写为 d，bool 缩写为 b 等。

3. 常见数据类型

常见的数据类型主要是值类型，值类型也称为简单类型，是直接由一系列元素构成的数据类型，C#语言中提供了一组已经定义好的简单类型，它们是整数类型、布尔类型、字符类型、实数类型和日期型。

（1）整数类型

整数类型的变量的值为整数。计算机的存储单元是有限的，所以计算机语言提供的整数类型的值总是在一定的范围之内。C#中有多种整数类型，这些整数类型在数学上的表示以及在计算机中的取值范围如表 2-1 所示。

表 2-1 整数类型及说明

整数类型	特 征	取 值 范 围
sBYte	有符号 8 位整数	-128 ~ 127
BYte	无符号 8 位整数	0 ~ 255
short	有符号 16 位整数	-32 768 ~ 32 767
ushort	无符号 16 位整数	0 ~ 65 535
int	有符号 32 位整数	-2 147 483 648 ~ 2 147 483 647
uint	无符号 32 位整数	0 ~ 4 294 967 295
long	有符号 64 位整数	-9 223 372 036 854 775 808 ~ 9 223 372 036 854 775 807
ulong	无符号 64 位整数	0 ~ 18 446 744 073 709 551 615

（2）布尔类型

布尔类型是用来表示"真"和"假"的。布尔类型表示的逻辑变量只有两种取值。在C#中，分别采用true和false两个值来表示。

（3）实数类型

实数在C#中采用两种数据类型来表示：单精度（float）和双精度（double）。它们的区别在于取值范围和精度不同。

（4）字符类型

字符类型即char型——可以存放单个数字字符、英文字母和表达符号等的变量。

如：char c='a';

（5）日期类型

日期型是在.NET框架中的System命名空间中定义的，常用于以下情况：

● 定义一个日期型变量：

DateTimeBirthDay;

● 当前时间：

BirthDay=DateTime.Now;

● 指定一个日期给一个日期型变量：

DateTimeBirthDay=Convert.ToDateTime("07/02/1974");。

● 截取当前日期的年、月、日：

Dt=DateTime.Now;
Response.Write(Dt.Year+"年"+ Dt.Month+"月"+ Dt.Day +"日");

（6）引用类型

引用类型表示该类型的变量不直接存储所包含的值，而是指向它所要存储的值，即存储实际数据的地址，其中较常用的是类类型中的string类。

string类是C#定义的一个基本类，专门用于处理字符串，用于存储字符串，如姓名、地址等。

例如：

string s="mike";
string adr="中国";

4. 类型转换

类型转换包括隐式类型转换和显式类型转换。

（1）隐式类型转换

隐式类型转换是系统默认的不需要加以声明就可以进行的转换，在隐式转换过程中编译器无须对转换进行详细检查就能够安全地执行转换，比如从int类型转换到long类型就是一种隐式转换，隐式转换一般不会失败，转换过程中也不会导致信息丢失。

只能从较小的整数类型隐式地转换为较大的整数类型，不能从较大的整数类型隐式地转换为较小的整数类型。例如：

inti=10;
long l=i;

也可以在整数和浮点数之间转换，其规则略有不同，可以在相同大小的类型之间转换，例如int/uint转换为float，long/ulong转换为double，也可以从long/ulong转换回float。这样做可能会丢失4个字节的数据，但这仅表示得到的float值比使用double得到的值精度低，编译器认为这是一种可以接受的错误，而其值的大小是不会受到影响的。无符号的变量可以转换为有符号的变量，只要无符号的变量值的大小在有符号的变量的范围之内即可。

（2）显式类型转换：

显式类型转换又称强制类型转换，与隐式转换正好相反，显式转换需要用户明确地指定转换的类型，比如下面的例子把一个类型显式转换为另一个类型：

```
string s ="10";
int x;
    x=Convert.ToInt32(s);
```

显式转换包括所有的隐式转换，也就是说把任何系统允许的隐式转换写成显式转换的形式都是允许的程序结构。

常用的显示类型转换有：

- Int32.Parse(变量)：字符型转换，转为32位数字型。
- Int32.Parse("常量")：字符型转换，转为32位数字型。
- 变量名.ToString()：字符型转换，转为字符串型。
- Convert.ToInt32(变量)：转转为32位数字型，后面要转换成的类型可以是其他类型。

5. 操作符

C#语言中的表达式类似于数学运算中的表达式，是由操作符、操作对象和标点符号等连接而成的式子，操作符是用来定义类实例中表达式操作符的，表达式是指定计算的。

（1）算术操作符

算术操作符包括加（+）、减（-）、乘（*）、除（/）和求余（%），其中加（+）可以用于字符串类型，表示两个字符串相连接。

例如：

```
x=2.0+3*4-5/2;     //结果是11.5
s="abc"+"234";     //结果是"abc234"，将两个字符串合并成一个长的字符串
```

（2）赋值操作符

赋值就是给一个变量赋一个新的值。操作符"="是简单赋值操作符号。

例如：

```
int x=1;
x=x+2;
```

（3）逻辑操作符

C#提供的逻辑运算符有三个：逻辑与（&&）、逻辑或（||）和逻辑非（!）。其中，逻辑与和逻辑或是二元操作符，要求有两个操作数；而逻辑非是一元操作符，只要求一个操作数。

（4）比较运算符

C#提供的逻辑运算符有：>、<、==、<=、>=、!=，这些和其他语言中比较相似，需要格外注意的就是相等是两个等号"=="、不等于是"!="。

任务二　流程控制程序综合应用

任务描述

设计一个用户登录页面，限制尝试登录次数为三次，当用户尝试登录三次不对就不能登

录，提示登录次数过多，该任务页面运行效果如图2-2和图2-3所示。

图2-2 前三次登录尝试　　　　图2-3 超过三次登录之后的界面

知识目标

掌握分支、循环等流程控制语句的使用方法。

技能目标

掌握if语句、switch语句、for语句、while语句的使用方法。

任务实现

步骤一：建立窗体文件

新建窗体文件2-2.aspx，在其中添加文字"用户登录""用户名""密码"，并在"用户登录"下添加一个HTML控件水平线，"用户名"和"密码"后各添加一个文本框，密码后的文本框把属性"TextMode"设置为"Password"，在页面最下方添加一个标签。最终在源视图中可以得到类似如下的代码：

```
<%@ Page Language="C#" AutoEventWireup="true" CodeFile="2-2.aspx.cs" Inherits="_2_1" %>

<!DOCTYPE html PUBLIC "-//W3C//DTD XHTML 1.0 Transitional//EN" "http://www.w3.org/TR/xhtml1/DTD/xhtml1-transitional.dtd">
<html xmlns="http://www.w3.org/1999/xhtml">
<head runat="server">
    <title></title>
    <style type="text/css">
        .style1{margin-right: 4px; }
    </style>
</head>
<body>
    <form id="form1" runat="server">
    <div>
    <div class="style1">
       <span lang="zh-cn">
           <b>用户登录</b><hr /><br />用户名:
       </span>
           <asp:TextBox ID="TextBox1" runat="server" CssClass="style1" Width="128px"></asp:TextBox><br />
           <span lang="zh-cn">密   码: </span>
           <asp:TextBox ID="TextBox2" runat="server" TextMode="Password" Width="128px"></asp:TextBox><br />
```

```html
            <asp:Button ID="Button1" runat="server" OnClick="Button1_Click" Text="登录" /><br /><br />
            <asp:Label ID="Label1" runat="server" Text="Label"></asp:Label>
        </div>
        </div>
    </form>
</body>
</html>
```

步骤二：建立程序文件

在文件 2-2.aspx 的窗体视图中双击页面空白处，切换到程序文件 2-2.aspx.cs 中，输入如下代码：

```csharp
using System;
public partial class _2_1 : System.Web.UI.Page
{
    static inti = 0;    //定义一个用于计数的静态全局变量,页面执行时会一直存在
    protected void Page_Load(object sender, EventArgs e)
    {
        if(!IsPostBack)           //第一次运行网页时要运行的程序
            Label1.Text = "你有三次登录机会";
        string s = "";
        intiWeekDay;
        iWeekDay = (int)DateTime.Now.DayOfWeek;
        //将今天是星期几转换成整数
        //取当前年月日时分秒: DateTime.Now;
        //取当前年: DateTime.Now.Year;
        //取当前月: DateTime.Now.Month;
        //取当前日: DateTime.Now.Day;
        //取当前时: DateTime.Now.Hour;
        //取当前分: DateTime.Now.Minute;
        //取当前秒: DateTime.Now.Second;
        switch(iWeekDay)
        {
            case 1: s="一"; break;//星期一是1
            case 2: s="二"; break;
            case 3: s="三"; break;
            case 4: s="四"; break;
            case 5: s="五"; break;
            case 6: s="六"; break;
            default: s="日"; break;  //星期日是0
        }
        Response.Write("今天是:"+DateTime.Now+"星期"+s);
    }
    protected void Button1_Click(object sender, EventArgs e)
    {
        //判断用户名和密码是否正确
        if (TextBox1.Text=="TOM" && TextBox2.Text=="123")
            Label1.Text="登录成功";
        else
            if(i<3)                        //尝试次数小于3次
```

```
            {
                i=i+1;
                Label1.Text="用户名或密码不对";
            }
            else//错误超过三次
            {
                Label1.Text="你已经超过三次"+i.ToString();
                //给出错误提示信息
                Button1.Visible = false;          //隐藏登录按钮
            }
        }
    }
```

在这个任务中主要练习使用了程序流程控制语句的使用，程序流程控制语句主要是分支和循环语句。

知识提炼

1. 分支语句

分支语句是依据一个控制表达式的值，选择可能被执行的语句，包括单分支语句和多分支语句。

（1）单分支语句

单分支语句是依据表达式的值成立与否选择相关语句进行执行。

其基本格式有三种：

格式一（if最简单的格式）：如果条件成立，就执行后面的语句。

```
if(条件)
单条语句;
```

格式二：

条件成立时执行一段代码，不成立时执行另一段代码。

```
if(条件)
{
   语句块（多条语句）;
}
else
{
   语句块;
}
```

格式三：嵌套分支语句

```
if(条件1)
{
   语句块（多条语句）;
}
else  if(条件2)
{
   语句块（多条语句）;
}
```

注意：

● if语句的条件表达式必须是纯粹的bool型表达式。例如下面的例句是错误的：

```
if (currentValue = 0) ...     //错误
```
- C#要求所有的变量必须预先明确赋值后才能使用，因此，下列程序是错误的：
```
int m;
if (inRange)
    m=42;
int copy=m;          //错误，因为m在inRange不成立时就不会被赋初值
```
- 在C#中，if语句中不能包含变量声明语句，例如：
```
if (inRange)
int useless;         // 错误
```

（2）多分支switch语句

如果想把一个变量表达式与许多不同的值进行比较并根据不同的比较结果执行不同的程序段，这时使用switch语句就会非常方便。

语法：switch(表达式)
```
{
    case 表达式1：语句块；
    case 表达式2：语句块；
    …
    default：语句块；
}
```

注意：
- 只能对整型、字符串或可以隐式转换为整型或字符串的用户自定义类型变量使用switch语句。
- case后的标志必须在编译时为常数。
- break在此是跳转语句，每个case段必须包括break语句，default语句也不例外。

2. 循环语句

循环语句是程序流程控制的另一种方式，一般用于重复执行一段代码。

（1）while循环语句

格式：
```
While(条件为真)
{
    循环体
}
```

（2）do...while循环

格式：
```
do {
    循环体
}
while(条件为真)
```

说明：可以使用do...while语句多次（次数不定）运行语句块。当条件为True时或条件变为True之前，重复执行语句块。

（3）for语句

格式：
```
for(循环变量初始化；循环条件；循环变量增值)
```

说明：for 语句是今后应用比较多的一种循环语句，其中声明的变量是局部的，只在 for 语句块中有效，可以省略 for 语句中的任何一部分。

注意：
- 可以通过逗号在 for 语句中声明多个变量和多个变化语句：
  for (inti=0, j=0; i+j<20; i++, j++)
  { ... }
- 可以在循环体内使用 continue 语句和 break 语句来，break 用来结束当前循环体的执行，跳出当前循环，执行循环的下一条语句，continue 语句用来结束本次循环，执行下一轮循环，并不跳出当前循环。

思考与练习

（1）简述 C#的优点。
（2）命名空间有什么用？
（3）User 和 user 是同一个变量吗？为什么？
（4）类型转换练习：下面三个输出语句各自输出结果是什么，输出结果是什么类型数据？
```
double x=8.1234;
Response.Write((int)x+"<br>");
string myPi="3";
Response.Write(int.Parse(myPi)+"<br>");
int y=999;
Response.Write(y.ToString());
```
（5）利用 C#的日期相关方法，根据当前日期按如下格式输出当前年、月、日和星期：
今天是：2014 年 6 月 16 日星期一
（6）编写代码，判断一个数是正数、负数还是零。

利用 C#的时间相关方法，根据当前时间自动判断后输出"上午好""下午好""晚上好""夜里好"，4点到12点（不含12点）为上午，12点到18点（不含18点）为下午，18点到22点（不含22点）为晚上，其他时间为夜里。

（7）完善产品总价计算器，防止输入负数，并给出当前的计算日期，如图2-4和图2-5所示。

图 2-4　效果图 1

图 2-5　效果图 2

（8）给出下面代码的执行结果。

```
using System;
public partial class test : System.Web.UI.Page
{
    protected void Page_Load(object sender, EventArgs e)
    {
        for (inti = 65; i<= 88; i++)
        Response.Write((char)i);
    }
}
```

(9) 给出下面代码的执行结果。

```
using System;
public partial class test : System.Web.UI.Page
{
    protected void Page_Load(object sender, EventArgs e)
    {
        for(inti =1; i<= 6; i++)
        Response.Write("<h"+i+">这是标题"+i+"</h"+i+">");
    }
}
```

单元 3

➡ 电子商铺用户注册

知识目标

（1）掌握常用服务器控件的用法；
（2）掌握图片上传的方法；
（3）熟悉验证控件的使用方法。

技能目标

（1）掌握 Textbox 控件、Label 控件和 Button 控件的用法；
（2）掌握 RadioButtonList 控件、DropDownList 控件、CheckBoxList 控件的使用方法；
（3）掌握 FileUpload 控件的使用方法；
（4）熟悉 RequiredFieldValidator 控件、CompareValidator 控件、RangeValidator 控件、RegularExpressionValidator 的使用方法。

在本单元中以用户注册这个任务为基础，从文本控件、选择控件、文件上传控件到验证控件，循序渐进学习 ASP.NET 中一些十分常用的 Web 服务器控件，并以此为基础逐步掌握 ASP.NET 中其他 Web 服务器控件的用法。

在 ASP.NET 中，页面中的所有元素都可看作一个对象，Web 页面就是一个装载着这些对象的大容器，每个控件都有自己的外观、属性和方法，大部分还能响应系统或用户事件。

控件使用方法：将控件由工具箱拖动到 Web 窗体页面的过程就是将这个控件类实例化的过程，控件在拖动到 Web 窗体页之后就成为可以使用的对象了。通过 Visual Studio 2012，可以简单地把一个控件拖放到一个窗体中。

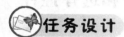
任务设计

在电子商铺中，游客可以打开用户注册界面，填写相关信息，上传用户头像，成为商铺用户。用户注册界面具有一定的信息验证功能，可以验证输入信息是否规范，并提供图片上传功能，如图 3-1 所示。

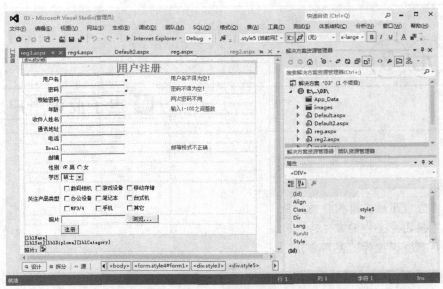

图 3-1 用户注册界面设计图

任务分解

为了实现上述功能要求，将注册页面按控件功能分解为三个任务：

任务一：商铺用户注册界面的设计。
实现用户注册页中的文字输入输出控件和选择控件的设计。

任务二：商铺用户照片上传的实现。
实现文件上传控件的设计和图片控件设计。

任务三：商铺用户注册信息的验证。
实现输入控件的数据验证功能。

任务难度由浅入深，后一个任务建立在前一个任务的基础上，逐步完成场景设计中用户注册界面的设计要求。

任务一 商铺用户注册界面的设计——文本控件和选择控件

任务描述

设计一个图 3-2 所示的用户注册页面。在此注册页面中，用户可以通过文本框输入用户名、密码、通信地址等相关信息，通过单选按钮、下拉菜单、多选按钮等控件输入性别、学历、产品类型等信息，这样处理会方便用户输入，同时可以提高数据格式的规范性。

知识目标

掌握常见 Web 服务器控件的用法。

技能目标

掌握文本控件、选择控件的使用方法。

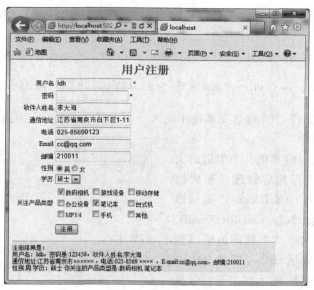

图 3-2 用户注册面的设计

任务实现

步骤一：在新建立的窗体网页 reg.aspx 中添加"姓名""密码"等文本框

（1）在 reg.aspx 窗体中插入一个多行三列的表格，方便调整文字和控件的位置。

（2）在表格的相应位置依次添加常用控件 TextBox 、Button、Label。

在第一列表格中输入相应说明文字，在第二列表格中依次拖动表示姓名的文本框和表示"注册"的按钮，在表格下方拖动用于输出姓名信息的标签 Label（用于信息展示，暂时替代写入数据库操作，本单元下同），设置属性如表 3-1 所示。

表 3-1 属性设置

控件名称	控件用途	ID	其他属性
TextBox	表示姓名的文本框	txtName	默认
Button	表示注册的按钮	默认	Text 属性改为"注册"
Label	最下方输出信息的标签	lblName	默认

（3）生成的结果如图 3-3 所示。

图 3-3 文本框的使用

（4）添加事件代码。双击 Button 按钮进入 reg.aspx.cs 中的 Button1_Click 事件过程，添加如下代码：

```
protected void Button1_Click(object sender, EventArgs e)
{
    lblName.Text = "<hr>注册结果是：<br>用户名：" + txtName.Text;
}
```

此时可以先运行一下，在姓名文本框中输入一个人名"李大海"，将在底部的 Label 上显示出图 3-4 所示的结果。

（5）类似的，可以将其他几个类似的文本框的 ID 属性都进行相应修改，密码框（txtPwd）、收件人姓名(txtMailName)、通信地址(txtAddress)、电话(txtTel)、Email(txtEmail)、邮编(txtCode)，再将这些文本框的值输出到底部标签中，其中密码框 txtPwd 的 TextMode 属性设置为 Password 后，输入时字符将以星号形式显示出来。

图 3-4 用户名注册结果

reg.aspx.cs 的代码修改为：

```
protected void Button1_Click(object sender, EventArgs e)
{
    lblName.Text = "<hr>注册结果是：<br>用户名：" + txtName.Text + "，密码是："
    + txtPwd.Text + "，收件人姓名：" + txtEmailName.Text + "<br>通信地址：" +
    txtAddress.Text + "，电话：" + txtTel.Text + "，E-mail：" + txtEmail.Text +
    "，邮编："+txtCode.Text;
}
```

步骤二：添加性别

1. 添加表示性别的单选框

（1）添加表示性别的单选框，可以使用 RadioButton 控件也可以使用 RadioButtonList 控件，考虑到使用的方便性，在此使用 RadioButtonList 控件。从工具箱中拖动一个 RadioButtonList 控件，更改其 ID 为 radSex，单击按钮列表控件 radSex 上的智能标记三角号▶，在弹出菜单中选择"编辑项"，在此处添加单选的选项。

（2）在弹出的对话框中添加新项，添加"男"和"女"两个单选项，并且将"男"选项的"Selected"选项设置为"True"，如图 3-5 所示。即当打开网页时默认选择"男"，这样男生可以不用再选择了，如图 3-6 所示。

在添加单选项时要区分一下 Text 和 Value，Text 指显示在窗体中 ○ 后的文字，将来在代码中用 RadSex.SelectedItem 来表

图 3-5 添加 RadioButtonList 控件的单选项

示；而 Value 是指选中 ◉ 后对应的值，这个值将来在代码中用 RadSex.SelectedValue 来表示。Value 的值和窗体中显示的内容（Text 对应的文字）可能不一样，比如 ◉ 后显示的性别是"男"，但对应的 Value 值是 Male。

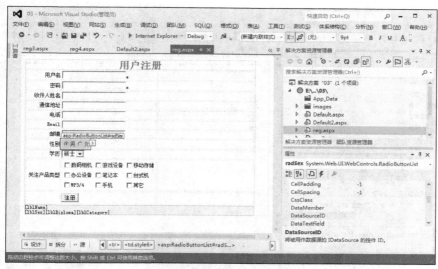

图 3-6　设置单选按钮的布局

（3）将单选框控件 RadSex 的属性 RepeaterDirection 设置为"水平"，即 Horizontal。Repeat 的布局 layout 设计为 Flow，这样视觉效果更好些。

2. 添加事件代码

（1）添加一个标签 lblSex 用于将"性别"信息显示在其中，双击 Button1 按钮在原来的代码中添加代码，生成的代码如下所示：

```
protected void Button1_Click(object sender, EventArgs e)
{
    lblName.Text = "<hr>注册结果是: <br>用户名: " + txtName.Text + ",密码是:" + txtPwd.Text + ", 收件人姓名:" + txtEmailName.Text + "<br>通信地址:" + txtAddress.Text + ", 电话:" + txtTel.Text + ", E-mail:" + txtEmail.Text + ", 邮编:"+txtCode.Text;
    lblSex.Text = "性别是:" + radSex.SelectedValue.ToString();//显示性别
}
```

其中 RadSex.SelectedValue 是指选择单选项后对应的值，在此转换成了字符型。可以将 Text 为"男"的 Value 设置为"Male"，Text 为"女"的 Value 设置为"Female"，再运行看一下结果有什么不同。

单选按钮选项的添加如果不在属性设计中完成，也可以放在网页的 Page_Load 事件中以代码的形式完成，这样可以更加灵活。

（2）最终生成的结果显示在图 3-2 所示页面的最下方。

步骤三：添加学历

1. 应用下拉列表 DropDownList 实现学历的选择

添加一个 Label 标签，放置到最后，Label 的 Text 属性设置为空，ID 属性设置为 lblDiploma。

添加一个下拉列表 DropDownList 控件到表格中，修改 ID 属性为 drpDiploma，单击下拉列表控件上的智能标记三角号，选择"编辑项"选项，在弹出的对话框中添加学历名称，其中的 Text 和 Value 属性的作用和单选框中的功能一样，如图 3-7 所示。

图 3-7　DropDownList 控件实现学历的选择

2. 添加代码

打开 reg.aspx.cs 文件，编写如下代码：

```
protected void Button1_Click(object sender, EventArgs e)
{
    lblName.Text = "<hr>注册结果是: <br>用户名: " + txtName.Text + ",密码是:" + txtPwd.Text + ",收件人姓名:" + txtEmailName.Text + "<br>通信地址:" + txtAddress.Text + ",电话:" + txtTel.Text + ", E-mail:" + txtEmail.Text + ",邮编:"+txtCode.Text;
    lblSex.Text = "性别:" + radSex.SelectedValue.ToString();//显示性别
    lblDiploma.Text = "学历: " + drpDiploma.Text;
}
```

运行后，选择一个学历后单击"注册"按钮，页面最后面一行将显示相应的学历。

步骤四：添加关注产品类型的复选框

（1）拖动 CheckBoxList 控件到网页 reg.aspx 中，单击 CheckBoxList 上的智能标记三角号，选择"编辑项"选项，在弹出的对话框中添加项目，如图 3-8 所示，同时将 CheckBoxList1 的属性 ID 改为 chkCategory，RepeaterDirection 设置为"水平"，即 Horizontal，RepeatColumns 设置为"3"，这样视觉效果更好些。然后再拖动一个标签放置到最后，其 Text 属性设置为空，id 设置为 lblCategory。

复选框（CheckBoxList）和复选按钮（CheckBox）主要用于实现多项选择，复选框 CheckBoxList 使用起来更加方便。

图 3-8 设置关注产品类型的复选框

（2）添加程序代码：

在 reg.aspx.cs 中添加如下代码，逐项判断各个爱好选项是否被选中，并将选中的爱好输出到上面新添加的标签 lblCategory 中。

```
protected void Button1_Click(object sender, EventArgs e)
{
    lblName.Text = "<hr>注册结果是：<br>用户名：" + txtName.Text + "，密码是：" + txtPwd.Text + "，收件人姓名：" + txtEmailName.Text + "<br>通信地址：" + txtAddress.Text + "，电话：" + txtTel.Text + "，E-mail：" + txtEmail.Text + "，邮编：" + txtCode.Text;
    lblSex.Text = "性别：" + radSex.SelectedValue.ToString();//显示性别
    lblDiploma.Text = "学历：" + drpDiploma.Text;
    string strCategory = "";//定义一个字符串，初值为空
    //逐个判断复选框是否被选中，注意复选框的 id 改名为 chkCategory
    for(int i = 0; i < chkCategory.Items.Count; i++)
        //将选中的产品类型连接成一个字符串
        if(chkCategory.Items[i].Selected)
            strCategory = strCategory + chkCategory.Items[i].Text + " ";
    if(strCategory == "")
        lblCategory.Text = "你没有特别关注的产品";
    else
        lblCategory.Text = "你关注的产品类型是：" + strCategory;
}
```

步骤五：添加容器控件，将注册反馈信息集中显示和隐藏

ASP.NET 提供两种容器控件：PlaceHolder 控件和 Panel 控件。PlaceHolder 控件用于在页面上保留一个位置，以便运行时在该位置动态放置其他的控件，它是一个控件的集合。Panel 控件是一个容器控件，它对应 HTML 的 <div> 标记。利用 Panel 控件，可以将一组控件当成一个整体来操作。通过设置 Panel 控件的 Visible 属性使这组控件一起显示或隐藏。两者使用方法类似，在此使用 Panel 控件。

（1）使用容器控件将多个控件当成一个整体来管理。拖动一个 Panel 控件到 Web 窗体，为 Panel 设计了背景色，网页将最下方的多个 Label 标签当成一组控件放置到 Panel 中，将

Panel 控件的 Visible 属性设置为 False，即网页刚加载时 Panel 控件不可见，"注册"按钮底部没有任何内容显示。但当单击"确认"按钮后，Panel 中的内容就被显示出来，其中包含用户注册的信息。

（2）添加代码。在 Web 窗体中双击"注册"按钮，在现有代码的最后添加一行代码：

```
protected void Button1_Click(object sender, EventArgs e)
{
    lblName.Text = "<hr>注册结果是：<br>用户名：" + txtName.Text + "，密码是："
+ txtPwd.Text + "，收件人姓名：" + txtEmailName.Text + "<br>通信地址：" +
txtAddress.Text + "，电话：" + txtTel.Text + "，E-mail：" + txtEmail.Text +
"，邮编：" + txtCode.Text;
    lblSex.Text = "性别：" + radSex.SelectedValue.ToString();//显示性别
    lblDiploma.Text = "学历：" + drpDiploma.Text;
    string strCategory = "";//定义一个字符串，初值为空
     //逐个判断复选框是否被选中，注意复选框的 id 改名为 chkCategory
    for (int i = 0; i < chkCategory.Items.Count; i++)
        //将选中的产品类型连接成一个字符串
        if (chkCategory.Items[i].Selected)
            strCategory = strCategory + chkCategory.Items[i].Text + " ";
        if (strCategory == "")
            lblCategory.Text = "你没有特别关注的产品";
        else
            lblCategory.Text = "你关注的产品类型是：" + strCategory;
        Panel1.Visible = true;
}
```

运行后的效果如图 3-1 所示，这样就完成了任务一的设计目标。

最终生成的窗体文件 reg.aspx 在源视图中应看到同下面代码类似的代码：

```
<%@ Page Language="C#" AutoEventWireup="true" CodeFile="reg.aspx.cs" Inherits="reg" %>

<!DOCTYPE html PUBLIC "-//W3C//DTD XHTML 1.0 Transitional//EN" "http://www.w3.org/TR/xhtml1/DTD/xhtml1-transitional.dtd">
<html xmlns="http://www.w3.org/1999/xhtml">
<head runat="server">
    <title></title>
    <style type="text/css">
        .style1{width: 100%;height: 312px; }
        .style2{width: 78px; text-align: right; }
        .style3{width: 532px; }
        .style4{font-size: 9pt; }
        .style5{text-align: center;font-weight: bold;}
        .style6{width: 219px; }
        .style7{ color: #0066FF; font-size: x-large; }
    </style>
</head>
<body>
    <form id="form1" runat="server" class="style4">
      <div class="style3">
        <div class="style5">
```

```
            <span lang="zh-cn" class="style7">用户注册</span>
        </div>
        <table class="style1">
            <tr>
                <td class="style2">用户名</td>
                <td class="style6">
                    <asp:TextBox ID="txtName" runat="server"></asp:TextBox>
                </td>
                <td>  </td>
            </tr>
            <tr>
                <td class="style2">密码</td>
                <td class="style6">
                    <asp:TextBox ID="txtPwd" runat="server" TextMode="Password">
                    </asp:TextBox>
                </td>
                <td>  </td>
            </tr>
            <tr>
                <td class="style2">收件人姓名</td>
                <td class="style6">
                    <asp:TextBox ID="txtEmailName" runat="server"></asp:TextBox>
                </td>
                <td> </td>
            </tr>
            <tr>
                <td class="style2">通信地址</td>
                <td class="style6">
                    <asp:TextBox ID="txtAddress" runat="server"></asp:TextBox>
                </td>
                <td>  </td>
            </tr>
            <tr>
                <td class="style2">电话</td>
                <td class="style6">
                    <asp:TextBox ID="txtTel" runat="server"></asp:TextBox>
                </td>
                <td>  </td>
            </tr>
            <tr>
                <td class="style2">Email</td>
                <td class="style6">
                    <asp:TextBox ID="txtEmail" runat="server"></asp:TextBox>
                </td>
                <td>  </td>
            </tr>
            <tr>
                <td class="style2">邮编</td>
                <td class="style6">
                    <asp:TextBox ID="txtCode" runat="server"></asp:TextBox>
```

```html
            </td>
            <td>  </td>
        </tr>
        <tr>
            <td class="style2"><span lang="zh-cn">性别</span></td>
            <td class="style6">
                <asp:RadioButtonList ID="radSex" runat="server" Repeat Direction="Horizontal" RepeatLayout="Flow">
                    <asp:ListItem Selected="True">男</asp:ListItem>
                    <asp:ListItem>女</asp:ListItem>
                </asp:RadioButtonList>
            </td>
            <td>  </td>
        </tr>
        <tr>
            <td class="style2"><span lang="zh-cn">学历</span></td>
            <td class="style6">
               <asp:DropDownList ID="drpDiploma" runat="server">
                  <asp:ListItem>博士</asp:ListItem>
                  <asp:ListItem Selected="True" >硕士</asp:ListItem>
                  <asp:ListItem>本科</asp:ListItem>
                  <asp:ListItem>大专</asp:ListItem>
                  <asp:ListItem>其他</asp:ListItem>
               </asp:DropDownList>
            </td>
            <td> </td>
        </tr>
        <tr>
            <td class="style2"><span lang="zh-cn">关注产品类型</span></td>
            <td class="style6">
              <asp:CheckBoxList ID="chkCategory" runat="server" RepeatColumns="3" RepeatDirection="Horizontal">
                  <asp:ListItem>数码相机</asp:ListItem>
                  <asp:ListItem>游戏设备</asp:ListItem>
                  <asp:ListItem>移动存储</asp:ListItem>
                  <asp:ListItem>办公设备</asp:ListItem>
                  <asp:ListItem>笔记本</asp:ListItem>
                  <asp:ListItem>台式机</asp:ListItem>
                  <asp:ListItem>MP3/4</asp:ListItem>
                  <asp:ListItem>手机</asp:ListItem>
                  <asp:ListItem>其他</asp:ListItem>
              </asp:CheckBoxList>
            </td>
            <td>  </td>
        </tr>
        <tr>
            <td class="style2">  </td>
            <td class="style6">
```

```
                <asp:Button  ID="Button1"  runat="server"  Text=" 注 册 "
OnClick="Button1_Click" />
              </td>
              <td>  </td>
          </tr>
        </table>
    </div>
        <asp:Panel    ID="Panel1"    runat="server"    BackColor="#F2F2EE"
Visible="False" Width="532px">
            <asp:Label ID="lblName" runat="server"></asp:Label>
            <asp:Label ID="lblSex" runat="server"></asp:Label>
            <asp:Label ID="lblDiploma" runat="server"></asp:Label>
            <asp:Label ID="lblCategory" runat="server"></asp:Label>
        </asp:Panel>
    </form>
</body>
</html>
```

知识提炼

1. ASP.NET 控件分类

ASP.NET 控件从大类上分为两类：Web 服务器控件和 HTML 控件。二者主要区别是：

（1）Web 服务器控件可以触发服务器控件特有的事件，HTML 服务器端控件只能通过回递的方式触发服务器上的页面级事件。

（2）输入到 Web 服务器控件中的数据在请求之前可以维护（即具有状态管理功能），而 HTML 服务器端控件无法自动维护数据，只能使用页面级的脚本来保存和恢复。

（3）Web 服务器控件可以自动检测浏览器并调整到恰当的显示，而 HTML 服务器端控件没有自动适应功能，必须在代码中手动检测浏览器。

（4）每个服务器控件都具有一组属性，可以在服务器端的代码中更改控件的外观和行为，而 HTML 服务器端控件只有 HTML 属性。

如果某些控件不需要服务器端的事件或状态管理功能时，可以选择 HTML 控件，这样可以提高应用程序的性能。

Web 服务器控件从类型上又可以分为标准控件、验证控件、数据库控件、用户自定义控件等，在集成开发环境 Visual Studio 2012 的控件工具箱中也有对应图标，使用时可直接将 Web 服务器控件拖放到 Web 页面上，其中"标准"选项卡中的控件是最常用的。

2. 常用控件说明

在本任务中主要讲解了最常用的 Web 控件，微软为它们提供了一些能够简化开发工作的特性，其中包括：

- 丰富而一致的对象模型：WebControl 基类实现了对所有控件通用的大量属性，这些属性包括 ForeColor、BackColor、Font、Enabled 等。属性和方法的名称是经过精心挑选的，以提高在整个框架和该组控件中的一致性。通过这些组件实现的具有明确类型的对象模型将有助于减少编程错误。
- 对浏览器的自动检测：Web 控件能够自动检测客户机浏览器的功能，并相应地调整它们所提交的 HTML，从而充分发挥浏览器的功能。
- 数据绑定：在 Web 窗体页面中，可以对控件的任何属性进行数据绑定。

它们使用起来相对比较简单，一般只需要从工具箱中拖动到网页窗体中就可以使用了，具体属性可以从属性面板中设置，也可以在运行阶段通过程序代码进行指定，各个控件的具体功能如下：

（1）Label 控件用于在页面中显示只读的静态文本或数据绑定的文本，用法如下：

```
<asp:Label runat="server" Text="Label1" ></asp:Label>
```

（2）TextBox 控件用于提供文本编辑能力。与 Label 控件相似，这里的文本也可以是数据绑定的。TextBox 控件支持多种模式，可以用来实现单行输入、多行输入和密码输入，一般的用法如下：

```
<asp:TextBox runat="server" Text="TextBox1"></asp:TextBox>
```

（3）表单提交和回传控件

网页中的按钮使用户可以发送命令。默认情况下，按钮将页提交给服务器，并使页与任何挂起的事件一起被处理。Web 服务器控件包括三种类型的按钮：命令按钮（Button 控件）、超链接样式按钮（LinkButton 控件）和图形按钮（ImageButton 控件）。这三种按钮提供类似的功能，但具有不同的外观。这些控件会在服务器上产生一个 Click 事件，供您在代码中使用，其中最常用的是 Button 控件，它可以生成一个能够将页面再提交给服务器的按钮，基本用法是：

```
<asp:Button runat="server" Text="单击此按钮"></asp:Button>
```

（4）选择控件

常用的选择控件有 DropDownList、ListBox、CheckBoxList、RadioButton 提供了允许用户从展示给他们的选项中进行选择的机制，一般可以用于限制用户过于随意输入的场合，相对于文本框可以提高输入速度和精确度。选项列表的内容既可像下面的示例中那样是静态定义的，也可以使用数据源来动态填充。

- DropDownList 控件提供了将选项显示为下拉式列表，并从中进行单项选择的能力，DropDownList 控件与 ListBox Web 服务器控件类似。不同之处在于它只在框中显示选定项，同时还显示下拉按钮。当用户单击此按钮时，将显示项的列表，用法如下：

```
<asp:DropDownList runat="server">
    <asp:ListItem Text="Choice1" Value="1" selected="true"/>
    <asp:ListItem Text="Choice2" Value="2"/>
</asp:DropDownList>
```

- ListBox 控件能够以可滚动列表的形式显示选项，并允许从中选择单个或多个选项，用法如下：

```
<asp:ListBox runat="server" SelectionMode="Multiple">
    <asp:ListItem Text="Choice1" Value="1" selected="true"/>
    <asp:ListItem Text="Choice2" Value="2"/>
</asp:ListBox>
```

- CheckBoxList 控件用于创建一组显示为一列或多列的 Checkbox 控件，常用于创建多项选择的情况，用法如下：

```
<asp:CheckBoxList runat="server">
    <asp:ListItem Text="答案 1" Value="A" selected="true"/>
    <asp:ListItem Text="答案 2" Value="B" selected="true"/>
    <asp:ListItem Text="答案 3" Value="C" selected="true"/>
```

```
        <asp:ListItem Text="答案 4" Value="D" selected="true"/>
</asp:CheckBoxList >
```
CheckBox 控件用于生成能够在选中和清除这两种状态间切换的复选框，用法如下：
```
<asp:CheckBox runat="server" Text="CheckBox1" Checked="True">
</asp:CheckBox>
```
- RadioButtonList 控件与 CheckBoxList 控件非常相似。不同之处在于，它使用的是一组 RadioButton 控件以创建一组互斥的选项，一般用于生成单项选择的情况，用法如下：
```
<asp:RadioButtonList runat="server">
        <asp:ListItem Text="答案 1" Value="A" selected="true"/>
        <asp:ListItem Text="答案 2" Value="B"/>
</asp:RadioButtonList >
```
（5）图像显示

Image 控件能够在页面上显示图像，用法如下：
```
<asp:Image runat="server" ImageUrl="net.gif"></asp:Image>
```
（6）容器控件

Panel Web 服务器控件在页面内为其他控件提供一个容器。通过将多个控件放入一个 Panel 控件，可将它们作为一个单元进行控制，如隐藏或显示它们。您还可以使用 Panel 控件为一组控件创建独特的外观，通常不具有可见的外观。用法如下：
```
<asp:Panel runat="server"></asp:Panel>
```

3. Web 控件的常用属性

Web 控件的属性会因控件的不同而有所区别，但常用的属性一般有：

ID：控件的标识号，用于标识页面中的各个控件，要求在同一个页面中的控件 ID 不能重名。
Text：显示的文本值，一般用于在控件上显示一些文本，如 Label 和 TextBox 上显示文本值。
BackColor：设置控件背景色。
BorderColor：设置控件边框色。
BorderStyle：设置控件边框样式，如实线、虚线、双线等。
BorderWidth：设置控件边框宽度。
CssClass：设置控件关联的 CSS 类。
Font：设置控件的字体属性。
ForeColor：设置控件的前景色。
Style：设置控件的样式。
ToolTip：设置控件的提示。
AccessKey：设置控件的访问键。
AutoPostBack：设置控件是否自动回送到服务器端。

任务二　商铺用户照片上传的实现——FileUpload 控件

任务描述

建立一个图 3-9 所示的网页，其中包含了用户上传图片的 Web 控件，当用户单击"浏览"按钮，即可选择一张照片，单击注册时可以实现上传到当前站点的 images 文件夹下，如果文件不是图片类型或没选择图片文件将给出错误提示。

知识目标

掌握图像显示控件和文件上传控件的用法，并掌握防止上传文件同名覆盖的方法。

技能目标

掌握 image 控件和 fileupload 控件的使用方法。

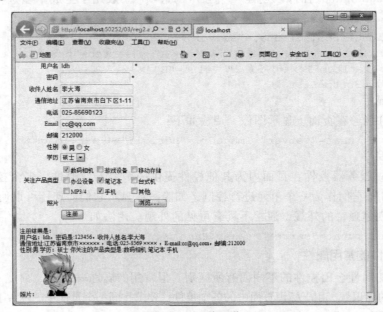

图 3-9 上传图像

任务实现

步骤一：准备工作

在网站根目录上添加一个文件夹 images，同时在 Visual Studio2012 的解决方案管理器中复制 reg.aspx 并粘贴到站点根文件夹，重命名为 reg2.aspx。

步骤二：窗体文件的界面设计

在窗体文件 reg2.aspx 中 Panel 内部最下方添加文字"照片"，添加图像控件到右侧，用于显示上传后的图像，在注册信息下部添加一行用于上传照片，并添加说明文字和一个 FileUpLoad 服务器控件。生成 reg2.aspx 的源代码如下：

```
<%@ Page Language="C#" AutoEventWireup="true" CodeFile="reg2.aspx.cs" Inherits="reg" %>
<!DOCTYPE html PUBLIC "-//W3C//DTD XHTML 1.0 Transitional//EN" "http://www.w3.org/TR/xhtml1/DTD/xhtml1-transitional.dtd">
<html xmlns="http://www.w3.org/1999/xhtml">
<head runat="server">
    <title></title>
    <style type="text/css">
        .style1{width: 100%; height: 312px; }
        .style2{width: 78px; text-align: right; }
```

```
            .style3{width: 532px;}
            .style4{font-size: 9pt;}
            .style5{text-align: center; font-weight: bold;}
            .style6{width: 268px;}
            .style7{ color: #0066FF; font-size: x-large; }
        </style>
</head>
<body>
        <form id="form1" runat="server" class="style4">
        <div class="style3">
            <div class="style5">
                <span lang="zh-cn" class="style7">用户注册</span>
            </div>
            <table class="style1">
              <tr>
                    <td class="style2">用户名</td>
                    <td class="style6">
                        <asp:TextBox ID="txtName" runat="server"></asp:TextBox>
                    </td>
                    <td> </td>
              </tr>
              <tr>
                    <td class="style2">密码</td>
                    <td class="style6">
                        <asp:TextBox ID="txtPwd" runat="server" TextMode="Password">
                        </asp:TextBox> <span lang="zh-cn">*</span>
                    </td>
                    <td> </td>
              </tr>
              <tr>
                    <td class="style2">收件人姓名</td>
                    <td class="style6">
                        <asp:TextBox ID="txtEmailName" runat="server"></asp:TextBox>
                    </td>
                    <td> </td>
              </tr>
              <tr>
                    <td class="style2">通信地址</td>
                    <td class="style6">
                        <asp:TextBox ID="txtAddress" runat="server"></asp:TextBox>
                    </td>
                    <td> </td>
              </tr>
              <tr>
                    <td class="style2"> 电话</td>
                    <td class="style6">
                        <asp:TextBox ID="txtTel" runat="server"></asp:TextBox>
                    </td>
                    <td> </td>
              </tr>
```

```html
<tr>
    <td class="style2"> Email</td>
    <td class="style6">
        <asp:TextBox ID="txtEmail" runat="server"></asp:TextBox>
    </td>
    <td> </td>
</tr>
<tr>
    <td class="style2"> 邮编</td>
    <td class="style6">
        <asp:TextBox ID="txtCode" runat="server"></asp:TextBox>
    </td>
    <td> </td>
</tr>
<tr>
    <td class="style2">
        <span lang="zh-cn">性别</span>
    </td>
    <td class="style6">
        <asp:RadioButtonList    ID="radSex"    runat="server"
RepeatDirection="Horizontal"  RepeatLayout="Flow">
            <asp:ListItem Selected="True">男</asp:ListItem>
            <asp:ListItem>女</asp:ListItem>
        </asp:RadioButtonList>
    </td>
    <td> </td>
</tr>
<tr>
    <td class="style2"><span lang="zh-cn">学历</span></td>
    <td class="style6">
        <asp:DropDownList ID="drpDiploma" runat="server">
            <asp:ListItem>博士</asp:ListItem>
            <asp:ListItem  Selected="True"  Value="硕士">硕士</asp:ListItem>
            <asp:ListItem>本科</asp:ListItem>
            <asp:ListItem>大专</asp:ListItem>
            <asp:ListItem>其他</asp:ListItem>
        </asp:DropDownList>
    </td>
    <td> </td>
</tr>
<tr>
    <td class="style2">
        <span lang="zh-cn">关注产品类型</span>
    </td>
    <td class="style6">
        <asp:CheckBoxList    ID="chkCategory"    runat="server"
RepeatColumns="3" RepeatDirection="Horizontal">
            <asp:ListItem>数码相机</asp:ListItem>
            <asp:ListItem>游戏设备</asp:ListItem>
```

```
                    <asp:ListItem>移动存储</asp:ListItem>
                    <asp:ListItem>办公设备</asp:ListItem>
                    <asp:ListItem>笔记本</asp:ListItem>
                    <asp:ListItem>台式机</asp:ListItem>
                    <asp:ListItem>MP3/4</asp:ListItem>
                    <asp:ListItem>手机</asp:ListItem>
                    <asp:ListItem>其他</asp:ListItem>
                </asp:CheckBoxList>
            </td>
            <td> </td>
        </tr>
        <tr>
            <td class="style2">
                <span lang="zh-cn">照片</span>
            </td>
            <td class="style6">
                <asp:FileUpload ID="FileUpload1" runat="server" />
            </td>
            <td> </td>
        </tr>
        <tr>
            <td class="style2"> </td>
            <td class="style6">
                <asp:Button ID="Button1" runat="server" Text=" 注 册 "
 onclick="Button1_Click" />
            </td>
            <td> </td>
        </tr>
    </table>
    </div>
        <asp:Panel    ID="Panel1"    runat="server"    BackColor="#F2F2EE"
Visible="False" Width="532px">
            <asp:Label ID="lblName" runat="server"></asp:Label> <br />
            <asp:Label ID="lblSex" runat="server"></asp:Label>
            <asp:Label ID="lblDiploma" runat="server"></asp:Label>
            <asp:Label ID="lblCategory" runat="server"></asp:Label><br />
            <span lang="zh-cn">照片: <asp:Image ID="Image1" runat="server"/>
            </span>
        </asp:Panel>
    </form>
</body>
</html>
```

步骤三：在程序文件 reg2.aspx.cs 中添加上传的相关代码

```
protected void Button1_Click(object sender, EventArgs e)
{
    lblName.Text = "<hr>注册结果是: <br>用户名: " + txtName.Text + ", 密码是:"
+ txtPwd.Text + ", 收件人姓名:" + txtEmailName.Text + "<br>通信地址:" +
```

```
txtAddress.Text + ", 电话:" + txtTel.Text + ", E-mail:" + txtEmail.Text + ", 邮编:" + txtCode.Text;
    lblSex.Text = "性别:" + radSex.SelectedValue.ToString(); //显示性别
    lblDiploma.Text = "学历: " + drpDiploma.Text;
    string strCategory = "";        //定义一个字符串，初值为空
    //逐个判断复选框是否被选中，注意复选框的 id 改名为 chkCategory
    for (int i = 0; i < chkCategory.Items.Count; i++)
        if (chkCategory.Items[i].Selected)  //将选中的产品类型连接成一个字符串
            strCategory = strCategory + chkCategory.Items[i].Text + " ";
    if (strCategory == "")
        lblCategory.Text = "你没有特别关注的产品";
    else
        lblCategory.Text = "你关注的产品类型是:" + strCategory;
    Panel1.Visible = true;
    //以下是文件上传的代码
    if (FileUpload1.HasFile)//是否有文件要上传
    {
        string strType = FileUpload1.PostedFile.ContentType;
        //判断上传的文件类型是否是常见图像类型
        if (strType == "image/bmp" || strType == "image/pjpeg" || strType == "image/gif" || strType == "image/png")
        {
            //生成一个日期和时间组合成的文件名
            string strFileName = DateTime.Now.Year.ToString() + DateTime.Now.Month.ToString() + DateTime.Now.Day.ToString() + DateTime.Now.Hour.ToString() + DateTime.Now.Minute.ToString() + DateTime.Now.Second. ToString();
            //上传文件重命名为时间日期的组合，不易重名，可防止上传文件互相覆盖
            FileUpload1.SaveAs(Server.MapPath("images/" + strFileName + ".jpg"));
            Image1.ImageUrl = "images/" + strFileName + ".jpg";
        }
        else
        Response.Write("<Script>alert('文件类型不对')</Script>");
    }
    else
        Response.Write("<Script>alert('请选择你的照片')</Script>");
}
```

知识提炼

1. Image Web 服务器控件

Image Web 服务器控件使您可以在 Web 窗体页上显示图像，并使用服务器代码管理这些图像，其重要的属性有：

ImageUrl：用于指定显示图像的来源，这是一个最重要的属性。

AlternateText：为提供替代文本。

ImageAlign：将图像和页面中 HTML 元素对齐。

2. 文件上传控件的使用

使用文件上传控件 FileUpLoad 时，常用的属性如表 3-2 所示。

表 3-2 常用的属性

属性	功能说明
Enable	是否禁用文件上传控件
FielContent	以流形式获取上传文件内容
FileName	用于获得上传文件的名字
HasFile	判断是否有上传文件
postedFile	用于获得包装成 HttpPostedFile 对象的上传文件

支持的方法如表 3-3 所示。

表 3-3 支持的方法

方法	功能说明
Focus	用于把窗体的焦点转移到 FileUpolad 控件
SaveAs	用于把上传文件保存到文件系统中

文件上传时**最核心**的事件代码是：

```
string strPath = Server.MapPath("images/") + "a.jpg";  //图片上传后名为 a.jpg
FileUpload1.PostedFile.SaveAs(strPath);                //图片上传
Image1.ImageUrl = "images/a.jpg";                      //显示图片
```

这样上传的文件只能看到一个，所有上传的文件都是图片 a.jpg。

3. **上传文件同名覆盖问题**

一般情况下，上传一个文件时要考虑服务器上是否有同名文件，如果有往往会覆盖，除非特殊需要，在设计网页时一般要避免这种情况的发生，采用的办法往往是将上传文件按日期和时间自动重命名，保证不会和已有文件重名。

相应的代码是：

```
string strFileName = DateTime.Now.Year.ToString() + DateTime.Now.Month.ToString() + DateTime.Now.Day.ToString() + DateTime.Now.Hour.ToString() + DateTime.Now.Minute.ToString() + DateTime.Now.Second.ToString();
```

4. **判断上传文件是否是图片**

主要是判断文件的 ContentType 属性是否是指定的图片类型：

```
string strType = FileUpload1.PostedFile.ContentType;
if (strType == "image/bmp" || strType == "image/pjpeg" || strType == "image/gif" || strType == "image/png")
```

最后的 if 语句中判断上传的文件类型是否是常见图像 bmp、gif、jpg、png 类型。

任务三 商铺用户注册信息的验证——验证控件

任务描述

当商铺用户在注册网页中输入的信息不符合指定要求时，要给出一定的错误提示信息，减少意外输入错误，效果如图 3-10 所示。

知识目标

熟悉数据验证控件的常见属性。

技能目标

掌握数据验证控件的使用方法。

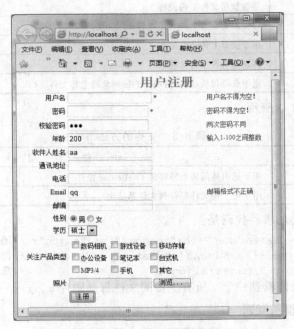

图 3-10 用户注册信息的验证

任务实现

步骤一：准备网页文件

在 Visual Studio 中复制 reg2.aspx 并粘贴到站点根目录，重命名为 reg3.aspx，添加校验密码、年龄两个字段及对应的文本框 txtRePwd 和 txtAge。

步骤二：添加必填项验证控件

在用户名后和密码后各添加一个必填项验证控件 RequiredFieldValidator，限制文本框 txtRePwd 和 txtAge 不得为空，所设置必填项验证控件的属性图标 3-4 所示。

表 3-4 控件 RequiredFieldValidator 的初始属性设置

控件	属性	值	说明
RequiredFieldValidator1	ID	RequiredFieldValidator1	RequiredFieldValidator 在程序中的名称
	ControlToValidate	txtName	指定验证控件的验证对象为姓名文本框
	Text	"用户名不得为空！"	验证失败时显示的信息
	ErrorMessage	"姓名必填"	验证失败时显示在 ValidationSummary 中的信息
RequiredFieldValidator2	ID	RequiredFieldValidator2	RequiredFieldValidator 在程序中的名称
	ControlToValidate	txtPwd	指定验证控件的验证对象为密码文本框
	Text	"密码不得为空！"	验证失败时显示的信息
	ErrorMessage	"密码必填"	验证失败时显示在 ValidationSummary 中的信息

步骤三：添加比较验证控件

在校验密码后添加一个比较验证控件 CompareValidator，限制校验密码和密码要一致。设置属性如表 3-5 所示。

表 3-5　控件 CompareValidator 的初始属性设置

控　件	属　性	值	说　明
CompareValidator1	ID	CompareValidator1	CompareValidator 在程序中的名称
	ControlToValidate	TxtRePwd	指定验证控件的验证对象为校验密码文本框
	ControlToCompare	txtPwd	指定要比较的控件名称
	Text	"密码不一致！"	验证失败时显示的信息
	ErrorMessage	"两次密码不同"	验证失败时显示在 ValidationSummary 中的信息

步骤四：添加范围验证控件

在年龄后添加一个范围验证控件 RangeValidator，限制年龄一般是 0～100 之间的整数，设置属性如表 3-6 所示。

表 3-6　控件 RangeValidator 的初始属性设置

控　件	属　性	值	说　明
RangeValidator1	ID	RangeValidator1	RangeValidator 在程序中的名称
	ControlToValidate	txtAge	指定验证控件的验证对象为年龄文本框
	MinimumValue	0	指定最小值
	MaximumValue	100	指定最大值
	Type	Integer	指定输入值的类型
	Text	"输入 1～100 之间整数！"	验证失败时显示的信息
	ErrorMessage	"请输入一个 0～100 之间的整数"	验证失败时显示在 ValidationSummary 中的信息

步骤五：添加正则验证控件

在 Email 后添加一个正则验证控件 RegularExpressionValidator1，限制输入的邮箱格式要合法。设置属性如表 3-7 所示。

表 3-7　控件 RegularExpressionValidator1 的初始属性设置

控　件	属　性	值	说　明
RegularExpression Validator1	ID	RegularExpressionValidator1	RegularExpressionValidator 在程序中的名称
	ControlToValidate	txtEmail	指定验证控件的验证对象为 Email 文本框
	ValidationExpression	"\w+([-+.']\w+)*@\w+([-.]\w+)*\.\w+([-.]\w+)*"	正则表达式
	Text	"邮箱格式不正确"	验证失败时显示的信息
	ErrorMessage	"请输入一个合法的 Email"	验证失败时显示在 ValidationSummary 中的信息

步骤六：运行查看结果

经过上面的设计，运行该网页，尝试输入一些不合法的数据，查看各验证控件的作用。
最终生成 reg3.aspx 的源代码如下：

```
<%@ Page Language="C#" AutoEventWireup="true" CodeFile="reg3.aspx.cs"
Inherits="reg" %>
<%@ Register assembly="System.Web.DynamicData, Version=3.5.0.0, Culture=
neutral, PublicKeyToken=31bf3856ad364e35" namespace="System.Web.DynamicData"
tagprefix="cc1" %>
<!DOCTYPE html PUBLIC "-//W3C//DTD XHTML 1.0 Transitional//EN"
"http://www.w3.org/TR/xhtml1/DTD/xhtml1-transitional.dtd">
<html xmlns="http://www.w3.org/1999/xhtml">
<head runat="server">
    <title></title>
    <style type="text/css">
        .style1 {width: 100%; height: 312px;}
        .style2 { width: 78px; text-align: right;}
        .style3{width: 532px;}
        .style4{ font-size: 9pt;}
        .style5{text-align: center; font-weight: bold;}
        .style6 { width: 249px;}
        .style7{ color: #0066FF; font-size: x-large; }
    </style>
</head>
<body>
    <form id="form1" runat="server" class="style4">
    <div class="style3">
        <div class="style5">
            <span lang="zh-cn" class="style7">
                用户注册<br />
            </span>
        </div>
        <table class="style1">
            <tr>
                <td class="style2">用户名</td>
                <td class="style6">
                    <asp:TextBox ID="txtName" runat="server"></asp:TextBox>
                    <span lang="zh-cn">*</span>
                </td>
                <td>
                    <asp:RequiredFieldValidator ID="RequiredFieldValidator1"
runat="server" ControlToValidate="txtName" ErrorMessage="姓名必填">
                        用户名不得为空!
                    </asp:RequiredFieldValidator>
                </td>
            </tr>
            <tr>
                <td class="style2">密码</td>
                <td class="style6">
```

```html
                <asp:TextBox        ID="txtPwd"        runat="server"
TextMode="Password"></asp:TextBox>
                <span lang="zh-cn">*</span>
            </td>
            <td>
                <asp:RequiredFieldValidator  ID="RequiredFieldValidator2"
runat= "server" ControlToValidate="txtPwd" ErrorMessage="密码必填">
                    密码不得为空！
                </asp:RequiredFieldValidator>
            </td>
        </tr>
        <tr>
            <td class="style2">
                <span lang="zh-cn">校验密码</span>
            </td>
            <td class="style6">
                <asp:TextBox ID="txtRePwd" runat="server" TextMode="Password">
                </asp:TextBox>
            </td>
            <td>
                <asp:CompareValidator ID="CompareValidator1" runat="server"
ControlToCompare="txtPwd" ControlToValidate="txtRePwd" ErrorMessage="密码不一
致！">两次密码不同</asp:CompareValidator>
            </td>
        </tr>
        <tr>
            <td class="style2"><span lang="zh-cn">年龄</span></td>
            <td class="style6">
                <asp:TextBox ID="txtAge" runat="server"></asp:TextBox>
            </td>
            <td>
                <asp:RangeValidator ID="RangeValidator1" runat="server"
ControlToValidate="txtAge"  ErrorMessage="请输入一个 0~100 之间的整数"
MaximumValue="100"  MinimumValue="0" Type="Integer">
                    输入1~100之间整数
                </asp:RangeValidator>
            </td>
        </tr>
        <tr>
            <td class="style2"> 收件人姓名</td>
            <td class="style6">
                <asp:TextBox ID="txtEmailName" runat="server"></asp:TextBox>
            </td>
            <td> </td>
        </tr>
        <tr>
            <td class="style2"> 通信地址</td>
            <td class="style6">
                <asp:TextBox ID="txtAddress" runat="server"></asp:TextBox>
            </td>
```

```html
            <td>  </td>
        </tr>
        <tr>
            <td class="style2"> 电话</td>
            <td class="style6">
                <asp:TextBox ID="txtTel" runat="server"></asp:TextBox>
            </td>
            <td>  </td>
        </tr>
        <tr>
            <td class="style2"> Email</td>
            <td class="style6">
                <asp:TextBox ID="txtEmail" runat="server"></asp:TextBox>
            </td>
            <td>
                <asp:RegularExpressionValidator ID="RegularExpression
Validator1" runat="server" ControlToValidate="txtEmail" ErrorMessage="请
输入一个合法的 E-Mail" ValidationExpression="\w+([-+.']\w+)*@\w+([-.]\w+)
*\.\w +([-.]\w+)*">
                邮箱格式不正确
                </asp:RegularExpressionValidator>
            </td>
        </tr>
        <tr>
            <td class="style2"> 邮编</td>
            <td class="style6">
                <asp:TextBox ID="txtCode" runat="server"></asp:TextBox>
            </td>
            <td> </td>
        </tr>
        <tr>
            <td class="style2">
                <span lang="zh-cn">性别</span>
            </td>
            <td class="style6">
                <asp:RadioButtonList ID="radSex" runat="server" RepeatDirection=
"Horizontal" RepeatLayout="Flow">
                    <asp:ListItem Selected="True">男</asp:ListItem>
                    <asp:ListItem>女</asp:ListItem>
                </asp:RadioButtonList>
            </td>
            <td> </td>
        </tr>
        <tr>
            <td class="style2">
            <span lang="zh-cn">学历</span>
            </td>
            <td class="style6">
                <asp:DropDownList ID="drpDiploma" runat="server">
                    <asp:ListItem>博士</asp:ListItem>
```

```
                    <asp:ListItem Selected="True" >硕士</asp:ListItem>
                    <asp:ListItem>本科</asp:ListItem>
                    <asp:ListItem>大专</asp:ListItem>
                    <asp:ListItem>其他</asp:ListItem>
                </asp:DropDownList>
            </td>
            <td>  </td>
        </tr>
        <tr>
            <td class="style2">
                <span lang="zh-cn">关注产品类型</span>
            </td>
            <td class="style6">
                <asp:CheckBoxList ID="chkCategory" runat="server" RepeatColumns="3"
                    RepeatDirection="Horizontal">
                    <asp:ListItem>数码相机</asp:ListItem>
                    <asp:ListItem>游戏设备</asp:ListItem>
                    <asp:ListItem>移动存储</asp:ListItem>
                    <asp:ListItem>办公设备</asp:ListItem>
                    <asp:ListItem>笔记本</asp:ListItem>
                    <asp:ListItem>台式机</asp:ListItem> <asp:ListItem>MP3/4</asp:ListItem>
                    <asp:ListItem>手机</asp:ListItem>
                    <asp:ListItem>其他</asp:ListItem>
                </asp:CheckBoxList>
            </td>
            <td> </td>
        </tr>
        <tr>
            <td class="style2">
                <span lang="zh-cn">照片</span>
            </td>
            <td class="style6">
                <asp:FileUpload ID="FileUpload1" runat="server" />
            </td>
            <td> </td>
        </tr>
        <tr>
            <td class="style2">  </td>
            <td class="style6">
                <asp:Button ID="Button1" runat="server" Text=" 注 册 " onclick="Button1_Click" />
            </td>
            <td>  </td>
        </tr>
    </table>
    </div>
    <asp:Panel ID="Panel1" runat="server" BackColor="#F2F2EE" Visible="False"
        Width="532px">
        <asp:Label ID="lblName" runat="server"></asp:Label><br />
```

```
            <asp:Label ID="lblSex" runat="server"></asp:Label>
            <asp:Label ID="lblDiploma" runat="server"></asp:Label>
            <asp:Label ID="lblCategory" runat="server"></asp:Label><br />
            <span lang="zh-cn">照片：<asp:Image ID="Image1" runat="server"
 /></span>
        </asp:Panel>
    </form>
</body>
</html>
```

知识提炼

数据验证控件可以像其他 Web 服务器控件一样添加到 Web 页面中。不同的验证控件用于特定的检验类型，如范围检查、模式匹配以及确保用户不会跳过必填字段的 RequierdFieldValidator 等。在实际应用中，通常将多个验证控件附加到同一个输入控件（如文本框）上，从而实现多方面控制用户输入的有效性。例如，可以指定文本框为必填，同时输入的数据只能是某特定范围内的数据等。

1. 数据验证的处理机制

在处理用户输入时，Web 窗体将用户的输入传送给与输入控件相关联的验证控件，验证控件检测用户的输入，并设置属性以表示是否通过了验证。处理完所有的验证控件后，将设置 Web 窗体上的 IsValid 属性，该属性值为 True 表示所有验证通过，否则该属性值为 False。如果验证控件发现用户输入的数据有错误，则出错信息可由该验证控件显示到页面中，也可以由布局在页面其他位置的 ValidationSummary 控件，专门负责显示出错信息。

如果客户端使用的是 IE 4.0 以上版本的浏览器，即支持 DHTML，则验证控件可以使用客户端脚本进行数据验证，由于减少了一次服务器的往返，所以使用客户端脚本验证的效率更高一些。验证控件的通用属性如表 3-8 所示。

表 3-8 验证控件通用属性

属 性	功能说明
ControlToValidate	要验证控件的 ID
ErrorMessage	当没通过验证时的显示在 ValidationSummary 中的错误信息，当 Text 中为空是显示此处错误信息
Text	当验证没通过时显示在验证控件中的错误信息，当 Text 与 ErrorMessage 同时设置时，显示 Text 中信息
Display	验证控件的显示方式
IsValid	表示验证是否通过，其值是 True 或 False
ForeColor	设置错误提示信息的颜色，默认为红色

2. 各种数据验证控件的作用及注意事项

- 必须项验证控件 RequiredFieldValidator 要求指定输入控件不能空，必须填值。
- 比较验证控件 CompaeValidator 一般用于将用户输入的值与另一个控件的值进行比较，比较两个控件的内容是否一样，或者比较输入值的类型是否与指定类型一致，如输入的年龄是否为整型等。
- 范围验证控件 RangeValidator 的作用是计算被验证控件的值，以确定该值是否处于指定的最大和最小值范围之间。使用 RangeValidator 控件可以检查用户的输入是否在指定的范围之间，可以检查由数字对、字母对和日期对限定的范围，范围边界（最大值和最小值）用常数表示。
- 验证摘要控件：若页面中存在有很多种类验证控件，可能出现大量提示信息占用较多页面的情况，这对 Web 页面的美观性十分不利。Visual Studio 2012 提供的 ValidatorSummary 控件，可以将页面中所有验证控件的提示信息集中起来，在指定区域或以一个弹出信息框的形式显示给用户。ValidatorSummary 控件为页面中每个验证控件显示错误信息，是由每个验证控件的 ErrorMessage 属性确定。若某验证控件没有设置 ErrorMessage 属性，则在 ValidatorSummary 控件中不显示该控件的错误信息。ValidatorSummary 控件必须与其他验证控件一起使用，可分别将各验证控件的 Display 属性设置为 None，而通过 ValidatorSummary 控件收集所有验证错误，并在指定的网页区域中或以信息框的形式显示给用户。
- 正则表达式验证控件 RegularExpressionValidator 用于计算输入控件的值以确定该值是否与某个正则表达式所定义的模式相匹配。

在使用 RegularExpressionValidator 控件时还应注意以下几个问题：

（1）如果输入控件的值为空，则不调用任何验证函数且可以通过验证，这通常需要使用必须项验证控件的配合，以避免用户跳过某项的输入。

（2）除非浏览器不支持客户端验证，或禁用了客户端验证，否则客户端验证和服务器端验证都要被执行。客户端的正则表达式验证语法与服务器端略有不同。在客户端使用的是 JScript 正则表达式语法，在服务器端使用的是 Regex 语法。由于 JScript 正则表达式语法是 Regex 语法的子集，故建议读者最好使用 Jscript 语法，以便使客户端和服务器端得到相同的结果。

3. 正则表达式的知识

在验证控件中的 ValidationExpression 是验证用的正则表达式，正则表达式中不同的字符表示不同的含义：

"." 表示任意字符；

"*" 表示和其他表达式一起，表示任意组合；

"[A-Z]" 表示任意大写字母；

"\d" 表示任意一个数字；

常用的正则表达式有：

（1）数字开头后接一个大写字母：\d[A-Z]*。

（2）只能输入 1 个数字：^\d$。

（3）只能输入 n 个数字：^\d{n}$，例如^\d{8}$。

（4）只能输入至少 n 个数字：^\d{n,}$，例如^\d{8,}$ 。

（5）只能输入 m~n 个数字：^\d{m,n}$，例如^\d{7,8}$ ，如 12345678,1234567。

（6）只能输入数字：^[0-9]*$。

（7）只能输入 0 和非 0 打头的数字：^(0|[1-9][0-9]*)$。

（8）只能输入实数：^[-+]?\d+(\.\d+)?$。

（9）只能输入 n 位小数的正实数：^[0-9]+(.[0-9]{n})?$。

（10）只能输入 m–n 位小数的正实数：^[0-9]+(.[0-9]{m,n})?$。

（11）只能输入非 0 的正整数：^\+?[1-9][0-9]*$。

（12）只能输入非 0 的负整数：^\-[1-9][0-9]*$。

（13）只能输入 n 个字符：^.{n}$，注意汉字只算 1 个字符。

（14）只能输入英文字符：^.[A-Za-z]+$。

（15）只能输入大写英文字符：^.[A-Z]+$。

（16）只能输入小写英文字符：^.[a-z]+$。

（17）只能输入英文字符+数字：^.[A-Za-z0-9]+$。

（18）只能输入英文字符/数字/下画线：^\w+$。

（19）验证首字母大写：\b[^\Wa-z0-9_][^\WA-Z0-9_]*\b。

（20）验证汉字: ^[\u4e00-\u9fa5]{0,}$。

（21）验证 QQ 号：[0-9]{5,9} 描述 5-9 位的 QQ 号。

（22）验证身份证号：^[1-9]([0-9]{16}|[0-9]{13})[xX0-9]$。

（23）验证手机号（包含 159，不包含小灵通）:^13[0-9]{1}[0-9]{8}|^15[9]{1}[0-9]{8}。

（24）验证护照:(P\d{7})|G\d{8})。

（25）验证 IP: ^(25[0-5]|2[0-4][0-9]|[0-1]{1}[0-9]{2}|[1-9]{1}[0-9]{1}|[1-9])\.(25[0-5]|2[0-4][0-9]|[0-1]{1}[0-9]{2}|[1-9]{1}[0-9]{1}|[1-9]|0)\.(25[0-5]|2[0-4][0-9]|[0-1]{1}[0-9]{2}|[1-9]{1}[0-9]{1}|[0-9]{1}|[1-9]|0)\.(25[0-5]|2[0-4][0-9]|[0-1]{1}[0-9]{2}|[1-9]{1}[0-9]{1}|[0-9])$。

（26）验证域名：^[a-zA-Z0-9]+([a-zA-Z0-9\-\.]+)?\.(com|org|net|cn|com.cn|edu.cn|grv.cn)$。

（27）验证信用卡(验证 VISA 卡，万事达卡，Discover 卡，美国运通卡): ^((?:4\d{3})|(?:5[1-5]\d{2})|(?:6011)|(?:3[68]\d{2})|(?:30[012345]\d))[-]?(\d{4})[-]?(\d{4})[-]?(\d{4}|3[4,7]\d{13})$

（28）验证 ISBN 国际标准书号：^(\d[-]*){9}[\dxX]$。

（29）验证文件路径和扩展名：如验证文件是否是如 d:\abc\bcd.txt 的形式^([a-zA-Z]\:|\\)\\([^\\]+\\)*[^\/:*?"<>|]+\.txt(l)?$。

（30）验证 Html 颜色值 :^#?([a-f]|[A-F]|[0-9]){3}(([a-f]|[A-F]|[0-9]){3})?$。

正则表达式的深入学习，读者可以参考一些相关的资料。

思考与练习

（1）对比用户注册，设计商品登记的界面，包含字段有商品图像、名称、介绍、单价、产品类别。

（2）对商品登记页面添加验证控件。

（3）在设计视图中如果不小心双击了文本框 TexbBox1，切换到了代码文件.cs 后发现不应该双击，但这时已经出现了 TextBox1_TextChanged 事件,，如图 3-11 所示，因为程序运行是不需要 TextBox1_TextChanged 事件的，就把 TextBox1_TextChanged 事件代码删除了，运行后出错，提示"不包含 TextBox1_TextChanged 的定义"，如图 3-12 所示，请问如何处理？

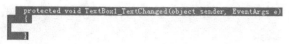

图 3-11 误添加的 TextBox1_TextChanged 事件　　　　图 3-12 提示出错

（4）设计一个简单的算术计算器程序，要求程序启动后显示图 3-13 所示的 Web 页面，浏览器标题文字为"简单算术计算器"。用户可在第一和第二个文本框中分别输入两个数字后，单击" + "" - "" × "" ÷ "中的一个，在第三个文本框中将显示按用户选择的方式得出的计算结果。

（5）完善上述计算器，利用比较验证控件限制两个用于输入数据的文本框只能输入实数，防止误输入字符。

（6）设计一个用户注册页面，如图 3-14 所示，将其中的用户名设置为必须填写，密码只能是数字，并且不得为空密码，两次输入的密码要保持一致。

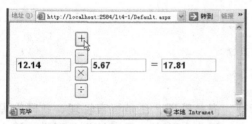
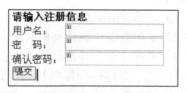

图 3-13 简单的算术计算器　　　　　　图 3-14 用户注册页面

（7）使用摘要验证，将上面的注册页面的验证信息以弹出对话框的形式给出。

设计一个图像上传网页，当图像上传时可以自定义新文件名，而不用时间日期自动生成的方式。

单元 4 电子商铺用户管理

知识目标
（1）了解数据库访问基础原理；
（2）了解类的创建和使用方法；
（3）掌握 SQL 基本语法。

技能目标
（1）掌握 Visual Studio 2012 访问数据库的方法；
（2）掌握数据库操作类的创建和使用方法；
（3）掌握添加、修改、删除和查询操作。

分析电子商铺的功能模块，不论是用户管理、商品管理，还是留言管理、新闻管理，都是对不同的数据表进行添加、修改、删除和查询操作。从本单元开始将分别讲解用户管理、商品管理、留言板和新闻系统，虽然数据操作的基本内容相同，但通过反复学习，可以逐步加深对数据库操作的理解。在本单元中以用户管理为例逐步引入删除、插入、修改、查询等操作。

任务设计

使用添加、删除、修改和查询等基本语句，完成用户注册、用户资料修改、用户登录和用户删除功能，并使用数据控件和分页技术将查询结果展示出来，逐渐形成一个较实用的用户管理系统。最终效果图如图 4-1 所示。

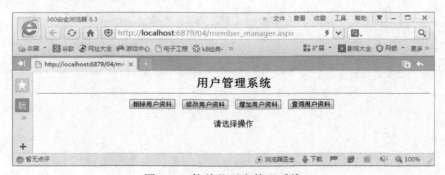

图 4-1　简单的用户管理系统

任务分解

为了实现上述功能要求,将用户管理由浅入深分解为三个部分:第一,准备部分;第二,无控件数据操作部分;第三,数据展示及有控件数据操作部分。每个部分又包含若干任务。

第一,准备部分。

任务一:操作准备与数据库连接。

为数据库操作做准备,包括数据库设计、数据库连接配置和 SQL 基本语法。

第二,无控件数据操作部分。

任务二:删除数据表中的记录。

使用 delete 语句,删除用户数据表中符合条件的记录。

任务三:向数据表中插入记录。

使用 insert 语句,向用户数据表插入一条记录,即注册。

任务四:修改数据表中记录的值。

使用 update 语句,修改数据表中符合条件的记录值。

第三,数据展示及有控件数据操作部分。

任务五:查询数据表中的记录。

使用 select 语句,查询数据表中符合条件的记录。

任务六:自定义分页显示。

使用 select 语句,控制数据控件分页显示。

任务七:数据库操作类的建立。

使用类的方法实现数据库操作,简化后续的数据库操作复杂度。

任务八:商铺用户注册。

在任务三的基础上引入服务器控件,完善用户注册功能。

任务九:商铺用户登录。

在任务五的技术上引入服务器控件,完善用户登录功能。

任务十:用户登录自定义控件的建立。

在任务九的基础上采用自定义控件技术,创建用户登录控件。

任务一　操作准备与数据库连接——connectionStrings 配置

任务描述

建立网站商铺数据库、配置 web.config 与数据库相连。

知识目标

掌握数据库建立方法、数据表的建立技巧,配置 web.config,连接到数据库,为后面访问操作打好基础。

技能目标

掌握连接字符串的配置方法,掌握 insert 语句、update 语句、delete 语句和 select 语句的使用方法。

任务实现

步骤一：建立数据库

新建站点 04，在 App_Data 中新建 Access 数据库 shop.mdb，并新建用户表，结构如图 4-2 所示，注意其中用户编号为自动编号，通信地址字段大小调整为 255，以满足通信地址较长的需要，完成设计后在表中输入部分记录，其中至少应有用户 MIKE 和 TOM 的完整资料。

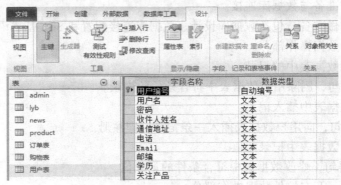

图 4-2 用户表结构

步骤二：数据库连接的配置

为了编程和后续维护方便，常将数据库的连接信息存放在 web.config 文件中，打开 web.config，在其中配置数据库连接字符串。

如果是访问 Access 数据库，在 web.config 中将<connectionStrings/>替换为如下代码：

```
<connectionStrings>
    <add name="accessConn" connectionString="Provider=Microsoft.Jet.OleDb.4.0;Data Source=|DataDirectory|\shop.mdb" providerName="System.Data.OleDb"/>
</connectionStrings>
```

其中，accessConn 是自定义的一个名字，其后是连接到 Access 数据库的配置语句，要注意的是|DataDirectory|表示的是当前站点下 App_Data 文件夹，而 shop.mdb 这个数据库要求存放在 App_Data 文件夹下，其名字是要自己根据需要修改的，以后在程序代码中可以用 ConfigurationManager.ConnectionStrings["accessConn"].ConnectionString 来获到这个 Access 数据库的连接。

也可以将数据库连接的代码编制到每个文件中，但采用在 web.config 文件中存放与数据库连接，有利于数据库连接的统一化处理，如果数据库名称或位置改变了，只要在 web.config 中更改一下就全都修改过来，不用再到各个文件中逐一修改。

步骤三：管理界面的建立

新建窗体文件 member_manager.aspx，在其中添加四个按钮和一个标签，分别设置其属性为：

- 增加用户资料按钮：按钮 ID 改为 btnAdd，Text 修改为"增加用户资料"。
- 删除用户资料按钮：按钮 ID 改为 btnDELETE，Text 修改为"删除用户资料"。
- 修改用户资料按钮：按钮 ID 改为 btnUPDATE，Text 修改为"修改用户资料"。
- 查询用户资料按钮：按钮 ID 改为 btnSelect，Text 修改为"查询用户资料"。

- 标签的 ID 改为 lblResult，Text 修改为"请选择操作"。

最终结果如图 4-3 所示。

图 4-3　管理首页的设计

知识提炼

1. 常用的 SQL 语句

1）查询语句 SELECT

SELECT 语句的功能为：用于查询数据库中的记录，并返回需要的数据集。使用示例：

- 将成绩表中的所有字段显示出来：

SELECT * FROM 成绩表

- 将成绩表中的学号和姓名字段显示出来：

SELECT 学号,姓名 FROM 成绩表

- 将成绩表中姓名为大伟的所有字段显示出来：

SELECT * FROM 成绩表 WHERE 姓名='大伟'

- 将成绩表中姓名为大伟的学号和姓名字段显示出来：

SELECT 学号,姓名 FROM 成绩表 WHERE 姓名='大伟'

- 将成绩表中姓张的学号和姓名字段显示出来：

SELECT 学号,姓名 FROM 成绩表 WHERE 姓名 LIKE '张%'

说明：%是通配符，可以代表任何字符，'张%'表示以"张"字开头，后面的字符可以是任何字符的字符串。

- 将成绩表中姓名中含"霞"字的学号和姓名字段显示出来：

SELECT 学号,姓名 FROM 成绩表 WHERE 姓名 LIKE '%霞%'

- 将成绩表中所有性别为男并且总分大于 360 的显示出来：

SELECT * FROM 成绩表 WHERE 性别='男' AND 总分>360

- 将成绩表中所有记录按总分降序排列显示出来：

SELECT * FROM 成绩表 ORDER BY 总分 DESC

在实际应用中，SELECT 语句功能十分强大，用法也比较丰富，请读者注意学习掌握。

2）插入语句 INSERT

使用 INSERT 语句可以向数据表中插入一条记录，其基本语法格式为：
`INSERT INTO 表名称(字段名) VALUE(字段值)`
使用示例：
- 插入数据表中的所有字段（设通信方式数据表中只有"姓名""电话""地址"三个字段）

`INSERT INTO 通讯方式表 VALUES( "大伟","010-12345678", "北京")`
- 插入一条新记录，但只填充数据表中部分字段的值，其余字段值为空，插入时表名后指定要填充的是哪些字段，其后按顺序（注：有的数据库不强制按顺序）放置相应字段的值。

档案表中有"ID""姓名""单位""学历"四个字段，插入一条新记录，但只有中间两个字段的值，编号 ID 是自动生成的不能指定输入，学历为空，暂不输入值。
`INSERT INTO 档案表(姓名，单位) VALUES ('大伟','清华大学')`

3）修改语句 UPDATE

使用 UPDATE 语句可以更新（修改）数据表中的数据，语法格式为：
`UPDATE 表名称 SET 字段名=值 WHERE 条件`
说明：使用中一般要加上 WHERE 条件限制，否则会修改所有的记录。
使用示例：
- 单个条件修改，将档案表中大伟的学历改为硕士。

`UPDATE 档案表 SET 学历='硕士' WHERE 姓名='大伟'`
- 多条件修改，将档案表中年龄大于 35 岁的大伟学历改为硕士，单位改为北京大学。

`UPDATE 档案表 SET 学历='硕士' AND 单位='北京大学'`
`WHERE 姓名='大伟' AND 年龄>35`

4）删除语句 DELETE

使用 DELETE 语句可以删除数据表中指定的行，语法格式为：
`DELETE FROM 表名 WHERE 条件`
使用示例：
- 删除档案表中姓名是大伟的记录：

`DELETE Form 档案表 WHERE 姓名='大伟'`
- 删除成绩中所有总分小于 300 并且班级是一班的记录：

`DELETE FROM 成绩表 WHERE 总分<300 AND 班级='一班'`

在此列举出了四条 SQL 语句一些最常用的用法，实际上还可以组合出很多功能和更加强大的用法，尤其是 SELECT 语句的用法相当灵活，如果读者希望掌握更多的内容请参考 SQL 语句的相关资料。

2. 数据库设计

在数据库中设计数据表和表中字段时，尽量符合数据库的设计规范，比如要考虑到表中字段是否是必要的和完整的，有无冗余数据的再现，表与表的关系，当字段确定下来后还要考虑到字段使用什么类型，防止数据类型不对导致出现异常。

3. 在 web.config 中配置到其他数据库的连接

不同类型的数据库所使用的数据库配置语句，除了上述到 Access 的连接外，常用的数据库连接还有：

（1）连接到 SQL Server 数据库，添加的数据库连接如下：

```
<connectionStrings>
    <add name="sqlConn" connectionString="Data Source=localhost;Initial Catalog=数据库名；Integrated Security= False;User=用户名;Pwd=密码;" providerName="System.Data.SqlClient" />
</connectionStrings>
```

（2）连接到 SQL Server Express 数据库，添加的数据库连接如下：

```
<connectionStrings>
<add name="sqlConn" connectionString="Data Source=.\SQLEXPRESS;AttachDbFilename=|DataDirectory|\数据库文件名;Integrated Security=True;Connect Timeout=30;User Instance=True" providerName="System.Data.SqlClient" />
</connectionStrings>
```

其中"|DataDirectory|\数据库文件名"是指存放在当前站点文件夹 App_Data 下的数据库文件，如|DataDirectory|\database.mdf 是指 App_Data 下的数据库文件 database.mdf。

任务二　删除数据表中的记录——Delete 语句

使用 ADO.NET 来访问数据库，所有操作使用自己编制程序代码的方式实现，可以大大增加程序的可控性，完成更加高级的任务。

常见的数据库操作主要指删除、修改、插入和查询操作，其中删除、修改、插入也称为非查询操作，下面主要介绍删除操作，其他两个操作稍微修改一下即可。

任务描述

设计实现如图 4-4 所示界面，当单击"删除会员资料"按钮时将执行删除操作，从用户表中删除相应的记录。

图 4-4　删除用户资料

知识目标

熟悉数据库操作的基本步骤，了解数据访问流程。

技能目标

掌握连接字符串的获取方法和 delete 语句的使用方法。

任务实现

步骤一：新建窗体文件

在 Visual Studio 2012 中打开新建的站点"04"，新建窗体文件 member_manager.aspx，

拖动四个按钮和一个用于显示操作成功的标签，修改相应属性，生成类似图 4-4 所示的网页。

步骤二：输入删除程序代码

为突出重点，将删除用户的操作加以简化，删除用户 Mike 的记录。

（1）在真正进行代码编制操作以前，要先在.cs 文件开头引入相应的命名空间，先引入 System.Configuration 以方便对 web.config 中的数据库连接字符串的引用。再引入相应数据库操作要使用的命名空间，Access 数据库要引入 System.Data.OleDb，SQL Server 用 System.Data.SqlClient，这样才能使用相应命名空间下的类，以完成相应的操作。

（2）单击"删除用户资料"按钮，将删除用户表中 MIKE 的记录，如图 4-4 所示。

双击 member_manager.aspx 中的"删除用户资料"按钮，转换到 btnDELETE_CLIKE 事件中，添加如下黑体字部分的代码：

```
using System;
using System.Collections.Generic;
using System.Linq;
using System.Web;
using System.Web.UI;
using System.Web.UI.WebControls;
using System.Data.OleDb;//引入相应命名空间
using System.Configuration;

public partial class member_manager : System.Web.UI.Page
{
    protected void Page_Load(object sender, EventArgs e){ }
    protected void btnDELETE_Click(object sender, EventArgs e)
    {
        string ConnStr=ConfigurationManager.ConnectionStrings["accessconn"].ConnectionString;         //获取数据库连接字符串
        OleDbConnection myConn=new OleDbConnection(ConnStr);
//创建连接对象myConn

        OleDbCommand myCmd = new OleDbCommand("DELETE FROM 用户表 WHERE 用户名='li'",myConn);         //创建命令对象myCmd

        myConn.Open();        //打开连接
        myCmd.ExecuteNonQuery();//执行非查询操作命令
        myConn.Close();       //关闭连接

        lblResult.Text = "删除成功";//将标签值改变，提示删除成功
    }
}
```

删除一个数据表中的记录一般要以下步骤：

① 使用 Connection 对象与数据库服务器进行连接；

② 定义 SQL 语句，创建、设置 Command 对象；

③ 打开连接，执行 SQL 命令；
④ 关闭数据库连接。

第一步：准备连接。

```
//获取数据库连接字符串
string    ConnStr=ConfigurationManager.ConnectionStrings["accessconn"].ConnectionString;
OleDbConnection myConn=new OleDbConnection(ConnStr);//创建连接对象myConn
```

第二步：准备命令。

```
OleDbCommand myCmd = new OleDbCommand("DELETE FROM 用户表 WHERE 用户名='MIKE'",myConn);           //创建命令对象myCmd
```

第三步：执行命令。

```
myConn.Open();                //打开连接
myCmd.ExecuteNonQuery();      //执行非查询操作命令
myConn.Close();               //关闭连接
```

通过上述"三步曲"，即可完成删除记录的操作。以后会发现，在这三步曲中真正要修改的就是要执行的 SQL 语句,其他代码基本中仅有一些对象的名字如 ConnStr、myConn、myCmd 可能会因个人习惯命名有所不同。

知识提炼

（1）在数据库操作中有一个重要的 Connection 对象，它用于连接数据源，表示与数据源之间的连接。可通过 Connection 对象的各种不同属性指定数据源的类型、位置等，用它来与数据库建立连接或断开连接。Connection 对象起到渠道的作用，其他对象如 DataAdapter 和 Command 对象通过它与数据库通信。每次使用完 Connection 后都必须将其关闭。当连接数据库上以后，使用 Command 对象的来执行命令（SELECT、UPDATE、INSERT、DELETE），并从数据源返回结果。

（2）在上述例子中，只能删除用户名是 MIKE 的资料，考虑到通用性，可以将 SQL 语句中的 MIKE 替换为一个变量，如按输入姓名删除时，可换成 TextBox1.Text，即将第二步中语句：

```
OleDbCommand myCmd = new OleDbCommand("DELETE FROM 用户表 WHERE 用户名='MIKE'",myConn);
```

更换为：

```
OleDbCommand myCmd = new OleDbCommand("DELETE FROM 用户表 WHERE 用户名='"+TextBox1.Text+"'",myConn);
```

TextBox1.Text 的值是根据输入值不同而随时变化的。

任务三　向数据表中插入记录——Insert 语句

任务描述

在图 4-4 中，单击"增加用户资料"按钮，将向用户表中增加一个用户的资料。为突出重点，将此操作加以简化，单击"增加用户资料"按钮增加指定用户 MIKE 的资料。

知识目标

掌握向数据表插入记录的方法。

技能目标

掌握 Insert 语句的使用方法。

任务实现

具体操作如下：

在图 4-4 所示的窗体文件中，双击 member_manager.aspx 中的"增加用户资料"按钮，转换到 btnAdd_Click 事件中，输入如下代码：

```
protected void btnAdd_Click(object sender, EventArgs e)
{
    string ConnStr = ConfigurationManager.ConnectionStrings["accessconn"].ConnectionString;          //获取数据库连接字符串
    OleDbConnection myConn=new OleDbConnection(ConnStr);//创建连接对象myConn

    OleDbCommand myCmd = new OleDbCommand("INSERT INTO 用户表(用户名,密码,通信地址,邮编) VALUES('MIKE','123','北京',100010)", myConn);//创建命令对象myCmd

    myConn.Open();              //打开连接
    myCmd.ExecuteNonQuery();    //执行非查询操作命令
    myConn.Close();             //关闭连接

    lblResult.Text = "添加成功"; //将标签值改变，提示增加成功
}
```

知识提炼

（1）在本任务中重点是建立 INSERT INTO 语句，其他步骤和删除操作基本一样。

（2）本任务只能增加用户名是 MIKE 的资料，考虑到通用，可以将 SQL 语句中字段值分别替换为一个个变量，如将姓名、密码等字段换成文本框 txtName、txtPwd，即将第二步中语句：

```
OleDbCommand myCmd = new OleDbCommand("INSERT INTO 用户表(用户名,密码,通信地址,邮编) VALUES('MIKE','123','北京',100010)", myConn);
```

更换为：

```
OleDbCommand myCmd = new OleDbCommand("INSERT INTO 用户表(用户名,密码,通信地址,邮编) VALUES('"+txtName.Text+"','"+txtPwd.Text +"','"+txtAddress.Text +"', "+Convert.ToInt32(txtCode.Text)+ ")", myConn);
```

各个文本框的值根据输入值不同而随时变化的，需要注意的是当插入字段为非数值型时，字段值要使用单引号引起来，数值型字段的值不用引号，这样可能会出现很多双引号和单引号，注意不要匹配错了。如果怕出错，可以在写完 SQL 语句后用 Response.Write(SQL)的形式将 SQL 语句输出到网页上，在网页上检查无误后再键入下面执行的代码。

任务四　修改数据表中记录的值——Update 语句

任务描述

在图 4-4 中，单击"修改用户资料"按钮，将向用户表中增加一个用户的资料。为突出重点，将此操作加以简化，单击"增加用户资料"按钮增加指定用户 MIKE 的资料。

知识目标

掌握在数据表中修改数据记录的方法。

技能目标

掌 update 语句的使用方法。

任务实现

在数据表中修改一条记录的操作与插入一条记录的操作步骤类似,只要将 SQL 语句更改为 Update 语句即可,但需要指明所修改记录字段和相应的值。为突出重点,将此操作加以简化,单击"修改用户资料"按钮时修改指定用户 TOM 的资料。

具体操作步骤是:双击 member_manager.aspx 中的"修改用户资料"按钮,转换到 btnUPDATE_Click 事件中,输入如下代码:

```
protected void btnUPDATE_Click(object sender, EventArgs e)
{
    string ConnStr = ConfigurationManager.ConnectionStrings["accessconn"].
ConnectionString;                    //获取数据库连接字符串
    OleDbConnection myConn=new OleDbConnection(ConnStr);//创建连接对象myConn

    OleDbCommand myCmd=new OleDbCommand("UPDATE 用户表 SET 密码='456' WHERE 用户名='TOM'", myConn);          //创建命令对象myCmd

    myConn.Open();                   //打开连接
    myCmd.ExecuteNonQuery();         //执行非查询操作命令
    myConn.Close();                  //关闭连接

    lblResult.Text = "修改成功";      //将标签值改变,提示修改成功
}
```

知识提炼

本任务只能修改用户名是 TOM 的资料,考虑到通用,可以将 SQL 语句中字段值分别替换为一个个变量,如将姓名、密码等字段换成文本框 txtName、txtPwd,即将第二步中语句:

```
OleDbCommand myCmd=new OleDbCommand("UPDATE 用户表 SET 密码='456' WHERE 用户名='TOM'", myConn);
```

更换为:

```
OleDbCommand myCmd=new OleDbCommand("UPDATE 用户表 SET 密码='"+ txtAddress.Text+"' WHERE 用户名='"+ txtName.Text+"'", myConn);
```

各个文本框的值根据输入值不同而随时变化的,考虑到这个 SQL 语句也是容易出错的,可以在执行前先输出一次,检查单引号是否正确匹配。

任务五 查询数据表中的记录——Select 语句

任务描述

在图 4-4 所示的窗体文件中单击"查询用户资料"按钮,将在用户表中查询用户的资料。

为突出重点,将此操作加以简化,单击"查询用户资料"按钮时查询所有用户的资料。

知识目标
熟悉查询操作的实现步骤,并能够将查询结果显示到页面中。

技能目标
掌握 Select 语句的使用方法和 GridView 控件的使用方法。

任务实现
步骤一:设置显示控件

拖动一个 GridView 到窗体网页中,放置在窗体合适位置。

步骤二:添加程序代码

双击 member_manager.aspx 中的"查询用户资料"按钮,转换到 btnSelect_CLIKE 事件中,输入如下代码:

```
protected void btnSelect_Click(object sender, EventArgs e)
{
    string ConnStr=ConfigurationManager.ConnectionStrings["accessConn"].ConnectionString;
    OleDbConnection myConn = new OleDbConnection(ConnStr);//准备数据库连接

    //创建 DataAdapter 对象,通过 myConn 执行查询与 Connection 关联好的 Command
    //DataAdapter 自动打开数据库连接,并执行查询,连接最好显示关闭
    OleDbDataAdapter dap = new OleDbDataAdapter("SELECT * FROM 用户表", myConn);
    myConn.Close();

    DataSet ds = new DataSet();//建立 DataSet 并将 DataAdapter 中结果填充到其中
    dap.Fill(ds);

    GridView1.DataSource = ds.Tables[0];//查询结果送给显示控件
    GridView1.DataBind();

    lblResult.Text = "查询结果如下: ";//这两句是为了增加显示效果,不是数据查询必需的
    GridView1.Visible = true;//显示查询结果
}
```

可将上面的查询操作分解为四步:

第一步:准备数据连接。

第二步:创建 DataAdapter 对象,并通过 myConn 执行查询。

第三步:建立 DataSet 并将 DataAdapter 中结果填充到其中。

第四步:将 DataSet 中的表送给显示控件 GridView,显示结果。

要想变成其他形式的查询,只需要修改 SQL 语句就可以了。

知识提炼

查询数据表中的记录与前面的三种操作有所区别,主要是查询结果要输出在页面中,考虑到以后分页等情况,在本教材中主要利用 DataSet 和 DataAdapter 进行查询。

这里主要介绍 DataSet、DataAdapter 和 DataReader。

(1) ADO.NET 提供一款更强大的数据操作对象——DataSet,可以将 DataSet 看成一个非

连接的数据库，因为 DataSet 的内部存储结构与数据库很类似，拥有数据表（DataTable）数据表关联（DataRelation）。DataSet 中可以存储多张表等。DataSet 拥有类似于数据库的结构，但它并不等同于数据库。首先它可以存储来自数据库的数据，而且还可以存储其他格式的数据，DataSet 对象是数据的缓存，好像一个远程数据库在内存中的副本，具有与数据库完全类似的结构，但实现上它与数据源并不相连，它的作用是实现独立于任何数据源的数据访问，具有与平台无关性，它通过 DataAdapter 对象从数据源得到数据。DataSet 中可以包含任意数量的 DataTable（数据表），通过 DataAdapter 的 Fill 方法，将表内容填充到 DataSet 对象中，而且可以填充多个表，利用别名来区分多个表。

（2）DataAdapter。DataAdapter（数据适配器）的作用就是在 DataSet 和数据源之间架起了一座"桥梁"，DataAdapter 将数据库中数据加载到 DataSet 中，同时它又连接回数据库，根据 DataSet 所执行的操作来更新数据库中的数据。

DataAdapter 的主要工作流程是：在 Connection 对象与数据源建立连接后，DataAdapter 对象通过 Command 对象操作 SQL 指令存取数据，存取的数据通过 Connection 对象返回给 DataAdapter 对象，DataAdapter 对象将数据放入其所产生的 DataTable 对象，将 DataAdapter 对象中的 DataTable 对象加入到 DataSet 对象中的 DataTable 对象中。

（3）DataReader：提供一个单向向前移动且只读的记录集合，可以十分迅速地读取由 Command 对象执行的命令所产生的数据，它并没有遍历数据或者将数据重新写回给数据源的负担。因此，如果一次只需要读一组数据，并且要求速度足够快，DataReader 则是最好的选择。在使用频繁而且在网站访问量很大的情况下，可以避免因 DataSet 对象占用内存空间过多，造成服务器负担过重的情况，可以大大提高服务性能。同样，如果一个调用所需要读取的数据量过大，如果使用 DataSet 则会出现超出服务器内存的存储能力，那么使用 DataReader 的数据流形式也是一个很好的选择。要注意 DataReader 的单向和只读的特点，不能用它实现写入数据的操作。也不能返回数据后再一次读取它，它比较适合不分页的查询操作，不太适合修改、插入与删除操作。另外使用 DataReader 时必须一直保持联机，此时 Connection 只能供 DataReader 使用，必须关闭后才能提供给其他对象使用。

DataReader 只能与 Command 对象一起使用，当 Command 对象执行 SQL 命令后，可以将执行语句后产生的数据（查询结果）放置在 DataReader 中，从 DataReader 中读取返回的数据流的典型方法是通过 while 循环迭代每一行。注意在代码中的 while 循环对 DataReader 对象调用的 Read 方法，Read 方法的返回值为 bool 型，并且只要有记录读取就返回 True，在数据流中所有的最后一条记录被读取了，Read 方法就返回 False。

任务六　自定义分页显示——双 Top 分页法

显示控件如 ListView 和 GridView 都有分页功能，这些分页功能设置方法比较简单，以 GridView 控件为例，只需要将 AllowPaging 的属性设置为 True 即可，其他属性如 PageSize、PagerSettings、PagerStyle 等可根据需要进行设置。但有些时候对翻页的显示效果有特殊的要求，也可使用纯 SQL 语句的双 Top 分页法达到分页显示的功能。

任务描述

使用双 Top 方法，将数据表中的记录以每页指定记录数的方式进行自定义分页，单击导航链接或通过输入页码，将在当前页面中显示指定页码的记录，相应显示效果如图 4-5 所示。

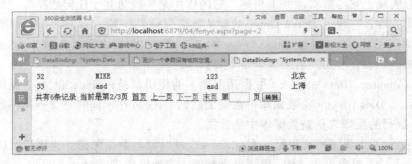

图 4-5 自定义分页

知识目标

优化数据显示方式，掌握自定义分页的方法，减轻服务器压力，方便阅读。

技能目标

掌握 Select 语句的双 Top 方法，实现分页功能。

任务实现

考虑到 Repeater 控件的灵活性和轻便性，在记录较多时，采用它可以大大减轻服务器负担，所以在数据较多需要分页时用 Repeater 是一个不错的选择。

步骤一：窗体文件的设计

新建 fenye.aspx，拖动出四个 LinkButton 按钮和一个 label、一个 TextBox、一个 Button、一个 Repeater 控件、一个 Pannel 控件，如图 4-5 所示。

步骤二：在 fenye.aspx 的源代码中自定义模板

```
<%@ Page Language="C#" AutoEventWireup="true" CodeFile="fenye.aspx.cs" Inherits="fenye" %>

<!DOCTYPE html PUBLIC "-//W3C//DTD XHTML 1.0 Transitional//EN" "http://www.w3.org/TR/xhtml1/DTD/xhtml1-transitional.dtd">

<html xmlns="http://www.w3.org/1999/xhtml">
<head runat="server">
    <title></title>
</head>
<body>
    <form id="form1" runat="server">
    <div>
        <asp:Repeater ID="Repeater1" runat="server">
            <HeaderTemplate>
                <table width="100%">
            </HeaderTemplate>
            <ItemTemplate>
```

```
            <tr>
                <td><%#Eval("用户编号")%></td><td><%#Eval("用户名")%>
                </td>
                <td><%#Eval("密码")%></td><td><%#Eval("通信地址")%>
                </td>
            </tr>
        </ItemTemplate>
        <FooterTemplate>
            </table>
        </FooterTemplate>
    </asp:Repeater>
    <asp:Panel ID="Panel1" runat="server">
    <asp:Label ID="lblTotal" runat="server" Text=""></asp:Label>
    <asp:HyperLink ID="hlFirst" runat="server">首页</asp:HyperLink>
    <asp:HyperLink ID="hlPre" runat="server">上一页</asp:HyperLink>
    <asp:HyperLink ID="hlNext" runat="server">下一页</asp:HyperLink>
    <asp:HyperLink ID="hlLast" runat="server">末页</asp:HyperLink>
    第 <asp:TextBox ID="txtGoPage" runat="server" Width="40px">
    </asp:TextBox>
    页<asp:Button ID="Button1" runat="server" OnClick="Button1_Click"
    Text="转到" />
    </asp:Panel>
    </div>
    </form>
</body>
</html>
```

步骤三：添加分页的程序代码

切换到 fenye.aspx.cs 中，在其中添加如下程序代码：

```csharp
using System;
using System.Collections.Generic;
using System.Web;
using System.Web.UI;
using System.Web.UI.WebControls;
public partial class fenye : System.Web.UI.Page
{
    protected void Page_Load(object sender, EventArgs e)
    {
        int iPageSize = 2;             //每页几条
        int iCurPage;                  //表示当前页码
        int iMaxPage = 1;              //最大页码
        string sql = "";               //用于下面的双TOP查询
        if(Request.QueryString["page"] != "")
            iCurPage = Convert.ToInt32(Request.QueryString["page"]);
        else
            iCurPage = 1;
        string sqlstr = "select count(*) from 用户表";
        //求总记录数
        int intTotalRec = Convert.ToInt32(DbManager.ExecuteScalar(sqlstr));
        if(intTotalRec % iPageSize == 0)
            iMaxPage = intTotalRec / iPageSize;          //求总页数
        else
            iMaxPage = intTotalRec / iPageSize + 1;
        if(iMaxPage == 0) iMaxPage = 1;
        if(iCurPage < 1) iCurPage = 1;
```

```
            else
    if(iCurPage > iMaxPage) iCurPage = iMaxPage;
    if(intTotalRec != 0)
    {
        if(iCurPage == 1)
            sql = "select top " + iPageSize + " * from 用户表 order by 用户编号";
        else
            sql = "select top " + iPageSize + " * from 用户表 where 用
户编号 not in(select top " + (iCurPage - 1) * iPageSize + " 用户编号 from
用户表 order by 用户编号) order by 用户编号";
        //显示控件名称要根据实际使用控件名修改
        Repeater1.DataSource = DbManager.ExecuteQuery(sql);
        Repeater1.DataBind();
    }
    lblTotal.Text = "共有" + intTotalRec.ToString() + "条记录当前是第" +
iCurPage.ToString() + "/" + iMaxPage.ToString() + "页 ";
    if(iCurPage != 1)
    {
        hlFirst.NavigateUrl = Request.FilePath + "?page=1";
        hlPre.NavigateUrl = Request.FilePath + "?page=" + (iCurPage - 1);
    }
    if(iCurPage != iMaxPage)
    {
        hlNext.NavigateUrl = Request.FilePath + "?page=" + (iCurPage + 1);
        hlLast.NavigateUrl = Request.FilePath + "?page=" + iMaxPage;
    }
}

protected void Button1_Click(object sender, EventArgs e)
    //双击转到按钮，按钮事件中提供
{
    int iCurPage;
    if(txtGoPage.Text == "")
    iCurPage = 1;
    else iCurPage = Convert.ToInt32(txtGoPage.Text);
    Response.Redirect(Request.FilePath + "?page=" + iCurPage);
}
```

知识提炼

（1）双 Top 算法其实就是利用 Select 语句的排序字句实现分页的效果，因为在这种双 TOP 方法中使用了排序，所以对这种分页方法有一个要求：数据表中至少有一个字段值是不可重复的字段（如关键字段）。

（2）Request.FilePath 可以获取当前网页的路径。

任务七 数据库操作类的建立——创建类

通过上面几节的介绍，我们可以简单地处理数据库常见的四种操作查询、删除、修改与插入了，但细致分析一下就会发现，在这四种操作中有很多代码是重复编写的，这在处理复杂任务时会浪费不少时间，如果能将这四种操作的代码进行一些处理，简化不必要的代码，使用起来就会更加方便了。

任务描述

将数据库常见的数据访问操作封装成一个数据库操作类，将常用的删除、插入、修改、查询和统计等操作设计为类的方法，通过这个类可以方便的执行数据访问操作，用户只要关心如何书写 SQL 语句就可以了。

知识目标

熟悉类的创建和使用方法。

技能目标

掌握数据库操作类的建立方法和使用方法。

任务实现

步骤一：配置 web.config 文件

如果要使用 Access 数据库，请先将数据库存放在 App_Data 文件夹下，并在编写数据访问代码前将 web.config 中的数据库连接设置好，这是后面实现各种操作的基础，请仔细输入。

打开 web.config 找到<connectionStrings/>，将其替换为如下代码：

```
<connectionStrings>
<add name="accessConn" connectionString="Provider=Microsoft.Jet.OleDb.4.0;Data Source=|DataDirectory|\shop.mdb" providerName="System.Data.OleDb"/>
</connectionStrings>
```

其中，accessConn 是自定义的名字，shop.mdb 是存放在 App_Data 文件夹下的数据库名，其他内容都是固定的，不能修改。

步骤二：建立数据库操作类

在站点内新建类文件 DbManger.cs，如图 4-6 所示，会弹出对话框询问是否将这个类文件存放在 App_Code 文件下，单击"是"按钮，如图 4-7 所示。这样建立的类文件就可以被其他文件随时调用了。

图 4-6 新建类文件

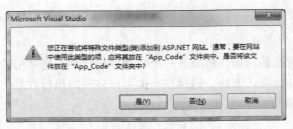

图 4-7 选择类文件存放在 App_Code 下

在 DbManager.cs 中输入如下代码：

```csharp
using System.Data;
using System.Configuration;
using System.Data.OleDb;

/// <summary>
/// DBManager 是 Access 数据库操作类
/// </summary>
public class DbManager
{
    public DbManager()
    { }
    /// <summary>
    /// 实现对 ACCESS 数据库的查询
    /// </summary>
    /// <param name="strSQL">查询语句</param>
    /// <returns>返回 DataSet</returns>
    public static DataTable ExecuteQuery(string strSQL)
    {
        string ConnectionString = ConfigurationManager.ConnectionStrings["accessConn"].ConnectionString;
        OleDbConnection conn = new OleDbConnection(ConnectionString);
        Try   //在此使用了异常语句，Try 表示尝试执行下面的语句
        {
            OleDbDataAdapter adapter = new OleDbDataAdapter(strSQL, conn);
            DataSet ds = new DataSet();
            adapter.Fill(ds);
            return ds.Tables[0];}
        Finally   //不管上面 Try 语句执行成功与否，最终都执行下面的语句
        {
            if (conn.State == ConnectionState.Open)
            conn.Close();
        }
    }
    /// <summary>
    /// 执行对 ACCESS 数据库的插入、删除或修改操作
    /// </summary>
    /// <param name="strSQL">插入、删除或修改的 SQL 语句</param>
    /// <returns>返回插入、删除或修改的 SQL 语句所影响的行数</returns>
    public static int ExecuteNonQuery(string strSQL)
    {
```

```
        string ConnectionString = ConfigurationManager.ConnectionStrings
["accessConn"].ConnectionString;
        OleDbConnection conn = new OleDbConnection(ConnectionString);
conn.Open();
        try
        {
            OleDbCommand cmd = new OleDbCommand(strSQL, conn);
return (cmd.ExecuteNonQuery());}
        finally
        {
            if (conn.State == ConnectionState.Open)
            conn.Close();}
        }

// <summary>
/// 使用 ExecuteScalar 方法从数据库中检索单个值,用于聚合,如统计行数,求平均等
/// </summary>
/// <param name="strSQL"></param>
/// <returns></returns>
   public static object ExecuteScalar(string strSQL)
   {
        string    ConnectionString=ConfigurationManager.ConnectionStrings
["accessConn"].ConnectionString;
        OleDbConnection conn = new OleDbConnection(ConnectionString);
conn.Open();
        try
        {
            OleDbCommand cmd = new OleDbCommand();
            cmd = conn.CreateCommand();
            cmd.CommandType = CommandType.Text;
            cmd.CommandText = strSQL;
            return cmd.ExecuteScalar();}
        finally
        {
            if (conn.State == ConnectionState.Open)
            conn.Close();}
        }
    }
```

知识提炼

建立数据库操作类时要注意两个问题:
(1)要将类文件建立在 App_Code 文件夹中,这样才能让其他网页随时调用。
(2)注意类中各方法的返回值,将来使用时要注意匹配。

建立好数据操作类后应用时会感觉非常方便,只要编写好相应的 SQL 语句就可以方便地调用相应的方法,实现相应的数据操作。

如果是查询操作,只要先写好 SQL 语句,然后用 DbManager.ExecuteQueyr(strSQL)的形式就可以返回查询结果了,查询结果是一个数据表 DataTable,可以直接绑定到 GridView 之类的显示控件上显示出结果来,也可以使用定义一个变量来存放 DataTable 中的信息。

删除、修改和插入等非查询操作只需要先将定义好 SQL 语句存放在字符串 strSQL 中,然后再执行 DbManager.ExecuteNonQueyr(strSQL)即可完成相应操作,返回值是一个整数,表示执行非查询操作所影响的行数,如删除的行数,如果返回值等于 0 则表示没有删除任何一条记录。

删除操作原来的代码是:

```
protected void btnDELETE_Click(object sender, EventArgs e)
{
    //获取数据库连接字符串
    string ConnStr=ConfigurationManager.ConnectionStrings["accessconn"].ConnectionString;
    OleDbConnection myConn = new OleDbConnection(ConnStr);//创建连接对象myConn
    OleDbCommand myCmd = new OleDbCommand("DELETE FROM 用户表 WHERE 用户名='MIKE'", myConn);      //创建命令对象myCmd
    myConn.Open();                  //打开连接
    myCmd.ExecuteNonQuery();        //执行非查询操作命令
    myConn.Close();                 //关闭连接
    lblResult.Text = "删除成功";    //将标签值改变,提示删除成功
}
```

只需如下两句即可:

```
protected void btnDELETE_Click(object sender, EventArgs e)
{
    string strSQL = "DELETE FROM 用户表 WHERE 用户名='MIKE'";
    DbManager.ExecuteNonQueyr(strSQL);
    lblResult.Text = "删除成功"; //将标签值改变,提示删除成功
}
```

类似的修改操作只需如下两句即可:

```
string strSQL = "UPDATE 用户表 SET 密码='456' WHERE 用户名='TOM'";
DbManager.ExecuteNonQueyr(strSQL);
```

插入操作只需如下两句即可:

```
string strSQL ="INSERT INTO 用户表(用户名,密码,地址,邮编) VALUES ('MIKE','123','北京',100010)";
DbManager.ExecuteNonQueyr(strSQL);
```

查询操作只要在定义 SQL 语句后再将查询结果送给数据显示控件就可以了,即:

```
string strSQL = "SELECT * FROM 用户表";
GridView1.DataSource= DbManager.ExecuteQuery(strSQL);
GridView1.DataBind();
```

经过上面的对比,可以发现使用类可以大大简化操作,提高代码复用率。

任务八　商铺用户注册——Select 语句和 Insert 语句综合应用

任务描述

在网页注册前先检查用户名是否已经注册过,如果已经注册过,给出提示,如果能注册就填写注册信息,最终将用户信息登记到数据库的用户表中。

知识目标

利用数据库操作类实现重名检测和用户信息注册,熟悉数据库的基本操作。

技能目标

掌握 Select 语句和 Insert 语句的使用方法,掌握数据库操作类的调用方法。

任务实现

步骤一:窗体文件的建立

建立类似下面的用户注册页面 register.aspx(可将前面练习的用户注册页面复制过来使用,注意年龄给一个默认值 0),如图 4-7 所示。

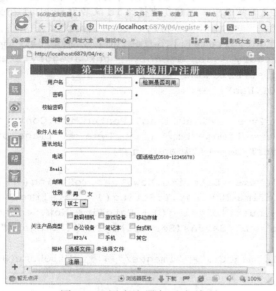

图 4-7 用户注册与重名检测

步骤二:"检测是否可用"事件代码的添加

双击"检测是否可用"按钮,转到 register.aspx.cs 文件中,添加如下代码:

```
protected void Button2_Click(object sender, EventArgs e)
{
    string strSQL = "SELECT * FROM 用户表 WHERE 用户名='" + txtName.Text + "'";
    if (DbManager.ExecuteQuery(strSQL).Rows.Count > 0)
        Response.Write("<script>alert('用户名已经被人使用,请用其他用户名注册')</script>");
    else
        Response.Write("<script>alert('恭喜你,可以使用这个用户名注册')</script>");
}
```

这段代码的作用是先按输入的用户名查找现有用户表中是否有同名的,如果有则给出提示,说明用户名已经被人使用,请用其他用户名注册,否则给出提示可以使用这个用户名注册。

步骤三:添加"注册"按钮的事件代码

双击"注册"按钮,输入如下语句:

```csharp
protected void Button1_Click(object sender, EventArgs e)
{
    //先判断用户名是否可用
    string strSQL = "SELECT * FROM 用户表 WHERE 用户名='" + txtName.Text + "'";
    if(DbManager.ExecuteQuery(strSQL).Rows.Count > 0)
    {
        Response.Write("<script>alert('用户名已经被人使用，请用其他用户名注册')</script>");
        Response.Write("<script>history.go(-1)</script>");
    }
    //准备注册，收集相集注册字段的值
    string strCategory = "";//定义一个字符串，初值为空
    /逐个判断复选框是否被选中，注意复选框的id改名为chkCategory
    for(int i = 0; i < chkCategory.Items.Count; i++)
        if(chkCategory.Items[i].Selected)  //将选中的产品类型连接成一个字符串
            strCategory = strCategory + chkCategory.Items[i].Text + " ";
        string strFileName = "";
    if(FileUpload1.HasFile)
    {
        string strType = FileUpload1.PostedFile.ContentType;
        if(strType == "image/bmp" || strType == "image/pjpeg" || strType == "image/gif" || strType == "image/png")
        {
            strFileName = DateTime.Now.Year.ToString() + DateTime.Now.Month.ToString() + DateTime.Now.Day.ToString() + DateTime.Now.Hour.ToString() + DateTime.Now.Minute.ToString() + DateTime.Now.Second.ToString();
            FileUpload1.SaveAs(Server.MapPath("images/" + strFileName + ".jpg"));
            Image1.ImageUrl = "images/" + strFileName + ".jpg";
        }
        else
            Response.Write("<Script>alert('照片文件类型不对')</Script>");
    }
    strSQL = "INSERT INTO 用户表(用户名,密码,Email,收件人姓名,通信地址,电话,邮编,性别,学历,关注产品,照片,年龄) VALUES('" + txtName.Text + "','" + txtPwd.Text + "','" + txtEmail.Text + "','" + txtEmailName.Text + "','" + txtAddress.Text + "','" + txtTel.Text + "','" + txtCode.Text + "','" + radSex.SelectedValue.ToString() + "','" + drpDiploma.Text + "','" + strCategory + "','" + strFileName + "'," +txtAge.Text+ ")";
    if(DbManager.ExecuteNonQuery(strSQL) > 0)
        Response.Write("<script>alert('注册成功')</script>");
}
```

知识提炼

在本任务中实际分为两个子任务：

第一个子任务检测重名：先检查用户名是否重名，防止用户注册前没有检查重名直接注册导致冲突，具体思路是将用户输入的用户名取出并到用户表中进行查找，如果找到则认为不可注册，否则会出现重名问题，如果没找到同名的用户名，则允许注册。

第二个子任务用户注册：这个子任务是考虑到了用户可能不进行重名检测的情况下强行

注册，所以先进行用户名重名检测，如果通过检测后再进行注册，注册的过程实际就是将各个控件的值插入到用户表中，关键的语句就是 INSERT 语句：

```
strSQL = "INSERT INTO 用户表(用户名,密码,Email,收件人姓名,通信地址,电话,邮编,
    性别,学历,关注产品,照片,年龄）VALUES('" + txtName.Text + "','" + txtPwd.Text
    + "','" + txtEmail.Text + "','" + txtEmailName.Text + "','" +
    txtAddress.Text + "','" + txtTel.Text + "','" + txtCode.Text + "','" +
    radSex.SelectedValue.ToString() + "','" + drpDiploma.Text + "','" +
    strCategory + "','" + strFileName + "'," +txtAge.Text+ ")";
```

考虑到 strSQL 这条语句中涉及的字段较多，其中的单引号和双引号非常多，容易出现混乱问题，可以先将下面执行这两条语句注释起来：

```
if (DbManager.ExecuteNonQuery(strSQL) > 0)
    Response.Write("<script>alert('注册成功')</script>");
```

然后，再使用 Response.Write 输出这条 strSQL 语句，运行后在浏览器中仔细检查，这种方法可以方便地排除 SQL 语句中的错误。

任务九　商铺用户登录——Select 语句应用

在进行此操作前，请先在 shop.mdb 的用户表中手工添加一条记录，用户名是 TOM，密码是 123。

任务描述

如图 4-8 所示，用户输入用户名和密码，如果都正确就转到 manager.aspx，即显示图 4-9 的效果，否则提示用户名或密码错误。

图 4-8　用户登录界面

图 4-9　用户登录成功

知识目标

练习数据库操作类，熟悉数据库查询操作。

技能目标

掌握数据库操作类的使用方法，掌握数据库操作类中各函数的返回值类型。

任务实现

步骤一：设计登录窗体界面

新建窗体文件 login.aspx，设计如图 4-10 所示的窗体界面，其中用户名对应文本框的 id 为 txtName，密码对应文本框的 id 为 txtPwd，TextMode 为 Password。

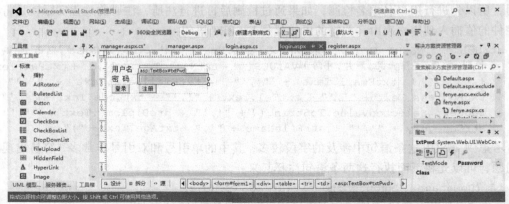

图 4-10 用户登录的设计界面

步骤二：设计"登录"事件代码

双击登录按钮，转入 login.aspx.cs 文件，加入如下代码：

```
using System;
using System.Data;
using System.Configuration;
using System.Web;
using System.Web.Security;
using System.Web.UI;
using System.Web.UI.WebControls;
using System.Web.UI.WebControls.WebParts;
using System.Web.UI.HtmlControls;
public partial class _Default : System.Web.UI.Page
{
    protected void Page_Load(object sender, EventArgs e)
    {
    }
    protected void Button2_Click(object sender, EventArgs e)
    {
        Response.Redirect("register.aspx");
    }
    protected void Button1_Click(object sender, EventArgs e)
    {
        string strSQL = "SELECT * FROM 用户表 WHERE 用户名='" + txtName.Text
+ "' AND 密码='" + txtPwd.Text + "'";
        DataTable dt=DbManager.ExecuteQuery(strSQL);
        if(dt.Rows.Count > 0)
        {
            Session["name"] = txtName.Text;
            Response.Redirect("manager.aspx");
        }
        else
        Response.Write("<script>alert('用户名或密码错误！')</script>");
    }
```

知识提炼

（1）注意 dt.Rows.Count 语句的作用是调用 DbManager 中的 ExecuteQuery 语句，查询结果是一个数据表 DataTable，如果在用户表中找到用户名和密码都一致的用户，DataTable 表中的就应该有这个用户的记录，行数为 1，就认为比对成功，用户是合法用户，可以登录到 manager.aspx 这个管理页，如果没找到则表中的记录行数等于 0，不能认为比较成功，也可以使用 DbManager.ExecuteScalar("select count(*)from 表名")的形式来实现同样的功能。

（2）其中的 Session["name"]是使用 Session 对象存储特定的用户所需的信息，当用户在应用程序的页之间跳转时，在超时之前是不会清除掉的，类似于全局变量。注意：它只对单个登录到这个网站的用户用有效，被不同网页共享使用，但不会跨用户共享。存储在 Session 对象中的值是对象类型的，如果要和其他类型数据进行比较需要进行类型转换。

此处使用它的目的是在登录成功时给 Session["name"]赋值，这样通过在 manager.aspx 中检测 Session["name"]的值是否为空，可以判断出是否是通过 login.aspx 登录到管理页 manager.aspx 的，如果为空，就表示没有从 login.aspx 页登录。

在 manager.aspx.cs 文件中输入如下代码就可以检测出是否是通过 login.aspx 登录到管理页 manager.aspx 的：

```
protected void Page_Load(object sender, EventArgs e)
    {
        if (Session["name"].ToString() != "")
        Response.Redirect("login.aspx");
    }
```

（3）Session 其他常用的方法和属性：

① Session.Abandon()：不管会话超不超时，结束一个会话。

② Session.Timeout：设置 Session 的失效时间。

③ Session.SessionID：会话标识，当用户请求一个 ASP.NET 页面时，系统将自动创建一个 Session（会话），退出应用程序或关闭服务器时该会话撤销。系统在创建会话时将为其分配一个长长的字符串（SessionID）标识，以实现对会话进行管理和跟踪，该字符串中只包含 URL 中所允许的 ASCII 字符。SessionID 具有的随机性和唯一性保证了会话不会冲突，也不会被怀有恶意的人利用新 SessionID 推算出现有会话的 SessionID。要得到该 SessionID，用 Session 对象的 SessionID 属性，相应代码如下：

```
<%@ Page Language="C#" %>
自动编号为<%=Session.SessionID%>
```

当页面刷新的时候或重新开启一个页面的时候，该值都会变化，而且永远不会重复。

任务十　用户登录自定义控件的建立——自定义控件

考虑到用户登录可能会在很多页面出现，而每次出现的形式基本类似，因此可以考虑将其设计成一个 Web 用户控件。

使用 Web 用户控件可根据程序的需要方便地将多个控件组合成一个整体使用，如同一个小模块。在设计用户控件时所使用的编程技术与设计 Web 页面的技术完全相同，为了确保用户控件不能作为一个独立的 Web 窗体来使用，用户控件文件名以.ascx 为扩展名进行标识。

任务描述

建立图 4-8 所示的登录 Web 用户控件，当某个窗体网页需要构建登录页面时，只须将些用户控件文件从解决方案资源管理器中拖动到窗体中即可。

知识目标

掌握 Web 用户控件的建立和调用方法。

技能目标

掌握 ascx 文件的设计方法。

任务实现

步骤一：新建 Web 用户控件

（1）在 Visaul Studio 2012 的"文件"菜单中选择"新建文件"命令，在弹出的对话框中选择 Web 用户控件，文件名为 login.ascx，如图 4-11 所示。

（2）在 login.ascx 文件中构造如图 4-10 所示的登录界面，为方便起见，可以将上个任务中 loign.aspx 源代码中<table>...</table>中的代码复制到 login.ascx 的最后，生成的 login.ascx 源代码如下：

图 4-11　新建 Web 用户控件 login.ascx

```
<%@ Control Language="C#" AutoEventWireup="true"CodeFile="login.ascx.cs"
Inherits="login" %>
<table>
    <tr>
        <td style="width: 58px">用户名</td>
        <td style="width: 93px">
            <asp:TextBox ID="txtName" runat="server" Width="145px"></asp:TextBox>
        </td>
    </tr>
    <tr>
        <td style="width: 58px">
```

```
            密码
        </td>
        <td style="width: 93px">
            <asp:TextBox ID="txtPwd" runat="server" TextMode="Password"
    Width= "148px"></asp:TextBox>
        </td>
    </tr>
    <tr>
        <td style="width: 58px">
            <asp:Button  ID="Button1"  runat="server"  OnClick="Button1_
Click" Text="登录" />
        </td>
        <td style="width: 93px">
             <asp:Button ID="Button2" runat="server" OnClick="Button2_
Click" Text="注册" />
        </td>
    </tr>
</table>
```

（3）在 login.ascx.cs 中输入代码。
```
protected void Button2_Click(object sender, EventArgs e)
{
    Response.Redirect("register.aspx");
}
protected void Button1_Click(object sender, EventArgs e)
{
    string strSQL = "SELECT * FROM 用户表 WHERE 用户名='" + txtName.Text +
"' AND 密码='" + txtPwd.Text + "'";
    if (DbManager.ExecuteQuery(strSQL).Rows.Count > 0)
    {
        Session["name"] = txtName.Text;
        Response.Redirect("manager.aspx");
    }
    else
        Response.Write("<script>alert('用户名或密码错误！')</script>");
}
```

步骤二：Web 用户控件的使用

新建一个窗体页面，拖动 login.ascx 到该页面，运行即可。

知识提炼

1. Web 用户控件的用途

Web 用户控件可以基于现有的控件创建一个新控件，利用用户控件，可以方便地使用自定制控件对 ASP.NET 进行扩展。如果需要在多个网页中出现相同的界面，如登录、导航、版权信息等，就可以考虑将相同的元素在用户控件中，利用用户控件，设计网页就可以像搭积木一样灵活方便，并具有容易扩展的优势。

2. 在窗体文件中添加用户控件

在建立好用户控件后，使用它的最简单的办法就是从解决方案管理里把 ascx 直接拖动到时

aspx 设计界面,当然,也可以在窗体文件的代码里手动添加。例如:
```
<uc1:control1id="login" runat="server"></uc1:control1>
```
记得在窗体文件中要输入如下的语句进行注册:
```
<%@ Register TagPrefix="uc1" TagName="login" Src="login.ascx" %>
```
其中,TagPrefix 表示页面中关系到用户控件的命名空间,可以使用任意字符串表示。

TagName 表示当前页面中关联到用户控件的名称,可以使用任意字符串表示。

Src 表示用户控件的虚拟路径。

注意,用户控件的声明使用由<%@ Register%>指令指定 TagPrefix 和 TagName 属性,在窗体文件中使用时要像标准的 Web 服务器控件一样,需要提供用户控件的 ID 和 Runat 属性。

3. 用户控件页与 Web 窗体的区别

(1)Web 用户控件只能以.ascx 为扩展名。

(2)在 Web 用户控件中不能包含<html>、<body>、<FROM >元素,这些元素应位于宿主页(用户控件所在的 Web 窗体页)中。

4. 用户控件格式修饰问题

注意,在用户控件页中不要进行过多的格式修饰,尤其要注意的是用控件页中 CSS 样式表的名称不要与调用用户控件窗体页中的样式表重名,否则会发生冲突,出现意外的设计效果。

思考与练习

(1)应用数据操作类实现网上查分系统,要求:建立数据库 db1 和表 sc,sc 中至少包含身份证、姓名和成绩三个字段,网页功能包括录入成绩、修改成绩、删除成绩和查询成绩。

(2)设计一个投票页,用单选按钮组实现本网站的评价。

大致功能是:你觉得本网站怎样?答案包括:不错、一般、有待改进。

并统计出各种评价的票数。

(3)建立一个商品信息登记网页,实现填写商品信息并登记到 product 表中,product 中至少包含商品编号、商品名称、商品类别、价格、数量、产地等商品信息。

电子商铺商品管理

知识目标

（1）掌握商品管理的基本功能实现方法；
（2）了解数据导入导出的基本原理；
（3）掌握数据控件的使用方法。

技能目标

（1）掌握 Select 语句、Insert 语句、Update 语句的使用方法；
（2）掌握 Access 和 Excel 之间数据导入导出的方法；
（3）掌握 FORMVIEW、REPEATER、GRIDVIEW、DATALIST 的使用方法。

商品管理是电子商铺的核心功能之一。本单元从商品的添加、修改、查询入手，首先实现商品管理的基本功能；然后引入批量处理，实现商品的导入、导出功能，最后采用数据控件展示商品查询结果。

任务设计

在电子商铺中，管理员可以对商铺的商品进行管理，其操作包括添加商品、修改商品信息、删除商品、批量导入商品信息、批量导出商品信息等，另外还包括前台的商品查询展示功能，图 5-1 展示了商品管理的部分功能。

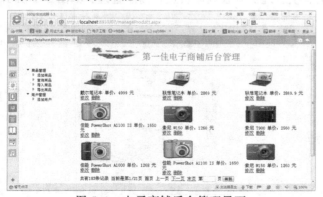

图 5-1　电子商铺后台管理界面

任务分解

为了实现上述功能要求，将商品管理划分为十个任务：

任务一：商铺后台管理登录页的设计。
实现后台管理的登录功能，仅限管理员使用。
任务二：后台商品管理页的设计。
使用数据控件，实现后台商品的管理页面设计。
任务三：添加商品。
实现单个商品的信息的添加。
任务四：批量添加商品。
在任务三的基础上，将 Excel 中的商品信息批量导入 Access 数据库。
任务五：修改商品信息。
根据商品编号，实现商品信息的修改操作。
任务六：删除商品信息。
根据商品编号，实现商品信息的删除操作。
任务七：导出商品信息。
任务四的逆操作，将 Access 数据库中的商品信息批量导入 Excel 中。
任务八：商品详细介绍页面的设计。
根据编号查询商品的信息，并通过常用控件展示。
任务九：商品搜索页面的设计。
使用 Select 语句，实现商品的搜索功能。
任务十：分页显示更多商品。
使用双 Top 方法实现分页功能，展示更多商品

任务一　商铺后台管理登录页的设计——Select 语句和 Session 变量综合应用

任务描述

设计一个登录页，供管理员登录到后台进行商品管理，如图 5-2 所示。

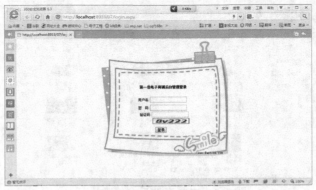

图 5-2　管理员登录

知识目标

巩固登录页的设计技术。

技能目标

熟练使用 Select 语句，掌握 Session 变量的使用方法。

任务实现

步骤一：窗体设计

新建一个 Login.aspx，设计登录界面如图 5-2 所示，添加一个 div 标记，设置其背景为 images 下的 loginbj.gif，在样式表中设置 div 的样式如下：

```
<div style="margin: auto; text-align: center; background-image: url('images/loginbj.gif'); background-repeat: no-repeat;">
```

添加用户名、密码、验证码三个文本框，验证码文本框的左侧放置一个超链接<img src="CheckCode.aspx" alt="验证码">，将生成验证码的文件 CheckCode.aspx 和 CheckCode.aspx.cs 放置在同一个文件夹下。

步骤二：后台代码的设计

在 Login.aspx.cs 文件中编写 ImageButton1 的事件，判断是否正确登录。

```
protected void ImageButton1_Click(object sender, ImageClickEventArgs e)
{
    if (checkCode.ToString() != Request.Cookies["CheckCode"].Value.ToString())
        Response.Write("<script>alert('验证码错误!')</script>");
    string strSQL = "SELECT * FROM [user] WHERE username='" + txtName.Text + "' AND mm='" + txtPwd.Text + "'";
    DataTable dt = DbManager.ExecuteQuery(strSQL);
    if (dt.Rows.Count > 0)
    {
        Session["pass"] = 1;
        Response.Redirect("manager.aspx");
    }
    else
        Response.Write("<script>alert('用户名或密码错误!')</script>");
}
```

知识提炼

Session 对象用于存储用户的信息。存储于 Session 对象中的变量持有单一用户的信息，并且对于一个应用程序中的所有页面都是可用的。

假如用户没有于规定的时间内在应用程序中请求或者刷新页面，Session 就会结束。默认值为 20 分钟。可以设置 Timeout 属性修改超时时间间隔。

例如，设置超时时间间隔 5 分钟：Session.Timeout=5。

要立即结束 Session，可使用 Abandon 方法：Session.Abandon。

任务二　后台商品管理页的设计——自定义控件应用

任务描述

建立一个图 5-3 所示的窗体页，既可以实现商品分页显示，也可以进行商品管理，可以添加、删除、修改。

知识目标

熟悉数据控件和自定义控件的使用方法，熟悉分页显示的原理。

技能目标

掌握 DataList 控件分页设计方法。

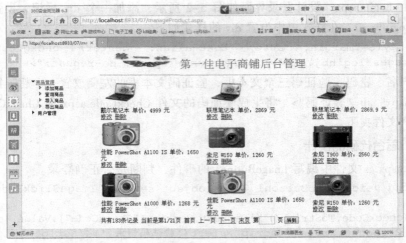

图 5-3　后台管理页 managerpro.aspx 运行效果

任务实现

步骤一：设计用户自定义分页控件

（1）新建 Web 用户控件 fenyepro.ascx，仿照 fenye1.ascx 页面设计分页显示。添加一个 DataList 和一组放置在 Panel 控件中并且用于分页的控件：一个 Label 标签、四个 LinkButton、一个文本框、一个转到按钮，其中，DataList 控件设置属性 RepeatDirection="Horizontal"（水平显示），RepeatColumns="3"（一行显示 3 列）。

（2）修改 DataList 的 ItemTemplate 模板，添加一个 HTML 图像控件，此处显示商品图像，并在单击该图像时显示相应商品的详细信息。修改 DataList 的 ItemTemplate 模板，添加超链接"修改"和"删除"分别链接到 delpro.aspx 和 updatepro.aspx，如图 5-4 所示。

图 5-4　Manager.aspx 的设计视图

fenyepro.ascx 的源代码是：

```
<%@ Control Language="C#" AutoEventWireup="true" CodeFile="fenyePro.ascx.cs" Inherits="fenye" %>
<div>
<asp:DataList ID="DataList1" runat="server" RepeatColumns="3" RepeatDirection="Horizontal">
    <ItemTemplate>
        <a href="showpro.aspx?id=<%# Eval("bh") %>">
        <img src="images/<%#Eval("pic")%>" class="style23" style="border-style:none" height="80" width="111" />
        </a><br />
        <asp:Label ID="titleLabel" runat="server" Text='<%# Eval("productName") %>' />
        单价：<asp:Label ID="priceLabel" runat="server" Text='<%# Eval("price") %>' />元<br />
        <a href="editpro.aspx?id=<%#Eval("bh")%>" target="_blank">修改</a>
        <a href="delpro.aspx?id=<%#Eval("bh")%>" target="_blank">删除</a>
        </span>
    </ItemTemplate>
</asp:DataList>
<asp:Panel ID="Panel1" runat="server">
<asp:Label ID="lblTotal" runat="server" Text=""></asp:Label>
<asp:HyperLink ID="hlFirst" runat="server">首页</asp:HyperLink>
<asp:HyperLink ID="hlPre" runat="server">上一页</asp:HyperLink>
<asp:HyperLink ID="hlNext" runat="server">下一页</asp:HyperLink>
<asp:HyperLink ID="hlLast" runat="server">末页</asp:HyperLink>
第<asp:TextBox ID="txtGoPage" runat="server" Width="40px"></asp:TextBox>
页<asp:Button ID="Button1" runat="server" OnClick="Button1_Click" Text="转到" />
</asp:Panel>
</div>
```

步骤二：建立程序文件

fenyepro.aspx.cs 手工编写代码实现将数据绑定到 DataList，其主要代码如下：

```
using System;
public partial class fenye : System.Web.UI.UserControl
{
    protected void Page_Load(object sender, EventArgs e)
    {
        int iPageSize = 9;                          //每页几条
        string strTableName = "product";            //要显示的数据表
        string strKey = "bh";                       //说明数据表的关键字段
        string strORDER = "DESC";                   //按关键字段升序 asc,降序 DESC 排列
        //要显示的字段，用"*"表示或用英文逗号分隔开如"产品名称,单价,单位数量"
        string strFields = "*";
        int iCurPage;
        int iMaxPage = 1;
        string sql = "";
        string sqlstr = "SELECT count(*) FROM " + strTableName;
        if (Request.QueryString["page"] != "")
```

```csharp
        iCurPage = Convert.ToInt32(Request.QueryString["page"]);
    else
        iCurPage = 1;
    int intTotalRec == Convert.ToInt32(DbManager.ExecuteScalar(sqlstr));
    //求总记录数
    if (intTotalRec % iPageSize == 0)
        iMaxPage = intTotalRec / iPageSize;//求总页数
    else
        iMaxPage = intTotalRec / iPageSize + 1;
    if (iMaxPage == 0)  iMaxPage = 1;
    if (iCurPage < 1)   iCurPage = 1;
    else
    if (iCurPage > iMaxPage)  iCurPage = iMaxPage;
    if (intTotalRec != 0)
    {
    if (iCurPage == 1)
        sql = "SELECT top " + iPageSize + " " + strFields + " FROM "
    + strTableName + " ORDER BY " + strKey + " " + strOrder;
    else
        sql = "SELECT top " + iPageSize + " " + strFields + " FROM "
    + strTableName + " WHERE   " + strKey + "  not in(SELECT top " +
    (iCurPage - 1) * iPageSize + " " + strKey + "  FROM " + strTableName
    + " ORDER BY " + strKey + " " + strORDER + " ) ORDER BY " + strKey
    + " " + strOrder;}
        //显示控件名称要根据实际使用控件名修改
        DataList1.DataSource = DbManager.ExecuteQuery(sql);
        DataList1.DataBind();
        lblTotal.Text = "共有" + intTotalRec.ToString() + "条记录当前是
第" + iCurPage.ToString() + "/" + iMaxPage.ToString() + "页  ";
    if(iCurPage != 1)
        {
            hlFirst.NavigateUrl = Request.FilePath + "?page=1";
            hlPre.NavigateUrl = Request.FilePath + "?page=" + (iCurPage
 - 1);}
    if(iCurPage != iMaxPage)
    {
        hlNext.NavigateUrl = Request.FilePath + "?page=" + (iCurPage + 1);
        hlLast.NavigateUrl = Request.FilePath + "?page=" + iMaxPage;}
        if(intTotalRec <= iPageSize)
            Panel1.Visible = false;
        else
            Panel1.Visible = true;
    }
    protected void Button1_Click(object sender, EventArgs e)
    {
    int iCurPage = 1;
    if(txtGoPage.Text != "")
        iCurPage = Convert.ToInt32(txtGoPage.Text);
    Response.Redirect(Request.FilePath + "?page=" + iCurPage);
 }
}
```

步骤三：建立商品显示窗体页 managerproduct.aspx

新建网页 managerproduct.aspx，拖动 fenyepro.ascx 到其中，并在上方加入一些说明，如图 5-5 所示。

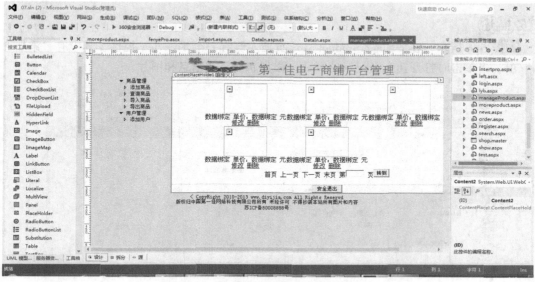

图 5-5　商品后台管理页的设计界面

步骤四：添加程序文件 managerproduct.aspx.cs **代码**

切换到 managerproduct.aspx.cs 页面，在其中添加如下代码：

```
using System;
using System.Collections.Generic;
using System.Web;
using System.Web.UI;
using System.Web.UI.WebControls;
public partial class manageProduct : System.Web.UI.Page
{
    protected void Page_Load(object sender, EventArgs e)
    {
        if(Convert.ToInt32(Session["pass"]) != 1)
        {
            Response.Write("<script>alert('用户名或密码不对，请重新登录')</script>");
            Response.Write("<script>history.go(-1)</script>");
            Response.End();
        }
    }
}
```

知识提炼

本任务的关键技术是分页和多栏显示，生成的方法类似首页的多栏显示，但增加了删除、添加、修改的功能，注意删除、修改和显示商品详细时都使用了超链接传递参数。

本任务中再一次使用到了用户自定义控件技术，相关知识在前面已经介绍，具体内容请参阅第四章任务十中的"知识提炼"。

任务三 添加商品——Web 控件和 Select 语句综合应用

任务描述

如图 5-6 所示,在 managerproduct.aspx 页面左侧有一个 Treeview 控件,其中有"添加商品"项,当单击时打开插入新记录的页面,添加新商品的信息和图片。

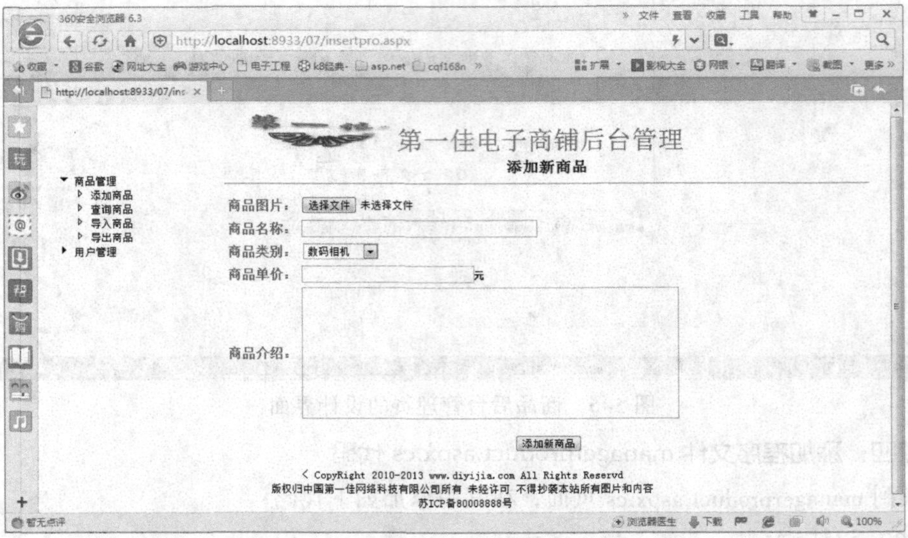

图 5-6 添加新商品

知识目标

熟悉图片上传和添加记录。

技能目标

掌握 fileupload 控件的设计方法,熟练使用 Insert 语句。

任务实现

步骤一:窗体界面的设计

新建 insertpro.aspx,在窗体中添加一个 FileUpLoad 控件,实现文件上传,再添加商品名称、单价、介绍等多个文本框、一个表示类别的下拉菜单,其中添加商品类别,最后再添加一个"添加新商品"按钮和一个返回管理页的超链接。

insertpro.aspx 的代码:

```
<%@ Page Title="" Language="C#" MasterPageFile="~/backmaster.master"
AutoEventWireup="true" CodeFile="insertpro.aspx.cs" Inherits="insert" %>
<asp:Content ID="Content1" ContentPlaceHolderID="head" Runat="Server">
<style type="text/css">
    .style1
    {
```

```
            width: 668px;
            margin-left: 0px;
        }
        .style2
        {
            text-align: right;
        }
        .style3
        {
            text-align: left;
        }
        .style4
        {
            text-align: center;
        }
        .auto-style5 {
            text-align: left;
            width: 199px;
        }
        .auto-style6 {
            width: 199px;
            font-size: medium;
            color: #3366FF;
        }
        .auto-style7 {
            width: 800px;
            font-size: 9pt;
            text-align: left;
        }
</style>
</asp:Content>
<asp:Content ID="Content2" ContentPlaceHolderID="ContentPlaceHolder1" Runat="Server">

<div style="text-align: center">
    <strong><span style="font-size: 14pt">添加新商品
    <hr />
    </span>
    <table class="style1">
        <tr>
            <td class="auto-style6">
                商品图片: </td>
            <td class="auto-style7">
                <asp:FileUpload    ID="FileUpload1"    runat="server"
        style="text-align: left" Width="295px" /></td>
        </tr>
        <tr>
            <td class="auto-style6">
                商品名称: </td>
            <td class="auto-style7">
```

```html
            <asp:TextBox ID="TextBox1" runat="server" Width="285px"> </asp:TextBox>
        </td>
    </tr>
    <tr>
        <td class="auto-style6">
            商品类别: </td>
        <td class="auto-style7">
            <asp:DropDownList ID="DropDownList1" runat="server">
                <asp:ListItem>数码相机</asp:ListItem>
                <asp:ListItem>数码影音</asp:ListItem>
                <asp:ListItem>移动存储</asp:ListItem>
                <asp:ListItem>整机附件</asp:ListItem>
                <asp:ListItem>手机附件</asp:ListItem>
                <asp:ListItem>普通手机</asp:ListItem>
                <asp:ListItem>智能手机</asp:ListItem>
                <asp:ListItem>办公设备</asp:ListItem>
                <asp:ListItem>笔记本电脑</asp:ListItem>
                <asp:ListItem>办公附件类</asp:ListItem>
                <asp:ListItem>工具配件类</asp:ListItem>
                <asp:ListItem>游戏设备类</asp:ListItem>
                <asp:ListItem>电脑耗材类</asp:ListItem>
                <asp:ListItem>数码附件类</asp:ListItem>
                <asp:ListItem>笔记本配件</asp:ListItem>
                <asp:ListItem>数码摄像机</asp:ListItem>
            </asp:DropDownList>
        </td>
    </tr>
    <tr>
        <td class="auto-style6">
            <span lang="zh-cn">商品单价: </span></td>
        <td class="auto-style7">
            <strong>
            <asp:TextBox ID="TextBox3" runat="server" style="margin-left: 0px" Width="207px"></asp:TextBox><span lang="zh-cn">元</span>
            </strong></td>
    </tr>
    <tr>
        <td class="auto-style6">
            <strong>商品介绍: </strong></td>
        <td class="auto-style7">
            <strong>
            <asp:TextBox ID="TextBox2" runat="server" Height="162px" Width="458px"> </asp:TextBox>
            </strong></td>
    </tr>
    </table>
</strong></div>
<p class="style4">
<strong>
    <asp:Button ID="Button1"
```

```
            runat="server" OnClick="Button1_Click" Text="添加新商品" />
</strong></p>
</asp:Content>
```

步骤二：添加程序代码

在双击"添加新商品"按钮时执行 insert.aspx 中的代码，实现将商品图片上传到服务器上，同时将文件名和商品其他信息添加到数据库的商品表中，具体代码如下：

程序文件 insertpro.aspx.cs 的代码：

```csharp
using System;
using System.Data;
using System.Configuration;
using System.Collections;
using System.Web;
using System.Web.Security;
using System.Web.UI;
using System.Web.UI.WebControls;
using System.Web.UI.WebControls.WebParts;
using System.Web.UI.HtmlControls;
public partial class INSERT : System.Web.UI.Page
{
    protected void Page_Load(object sender, EventArgs e)
    {
        //检查是否登录
        if(Convert.ToInt32(Session["pass"]) != 1)
        Response.Redirect("login.aspx");
    }
    protected void Button1_Click(object sender, EventArgs e)
    {
        string strName = Server.HtmlEncode(TextBox1.Text);
        strName = strName.Replace("\r\n", "<br>");
        strName = strName.Replace("'", "'");
        strName = strName.Replace(" ", " ");
        string strIntro = Server.HtmlEncode(TextBox2.Text);
        strIntro = strIntro.Replace("\r\n", "<br>");
        strIntro = strIntro.Replace("'", "'");
        strIntro = strIntro.Replace(" ", " ");
        string fPrice = Server.HtmlEncode(TextBox3.Text);
        fPrice = fPrice.Replace("\r\n", "<br>");
        fPrice = fPrice.Replace("'", "'");
        fPrice = fPrice.Replace(" ", " ");
        if(FileUpload1.HasFile)
        {
            string strFileName = DateTime.Now.Year.ToString() + DateTime.Now.Month.ToString() + DateTime.Now.Day.ToString() + DateTime.Now.Hour.ToString() + DateTime.Now.Minute.ToString() + DateTime.Now.Second.ToString();
            FileUpload1.SaveAs(Server.MapPath("images/" + strFileName + ".jpg"));
            //以时间命名并且保存
            string strSQL = "INSERT INTO product (pic,productName,price,
```

```
type,contents) VALUES ('" + strFileName + ".jpg','" + strName + "','"
+ fPrice + ",'" + DropDownList1.SelectedValue.ToString() + "','"
+ strIntro + "')";
    //注意.jpg
    if(DbManager.ExecuteNonQuery(strSQL) > 0)
    {
        Response.Write("<script>alert('图片插入成功')</script>");
Response.Write("<script>location.assign('manageproduct.aspx')</scri
pt>");
    }
    else
        Response.Write("<script>alert('图片插入失败')</scipt>");}
}
```

知识提炼

添加商品实际就是使用 insert into 语句添加一个商品信息,但在处理商品图片时要注意使用文件上传功能,为了避免文件名冲突,出现图片覆盖的情况,将图片按上传的系统时间另存为一个新名字,并将图片名称存储在商品表中,以备将来显示使用。

任务四 批量添加商品——Excel 向 Access 导入数据

任务描述

如图 5-7 所示,在 import.aspx 页面中添加一个 Fileupload 控件和一个 Button 控件,Fileupload 控件用来选取需要导入的 excel 文件,Button 控件用来实现批量添加商品的操作。

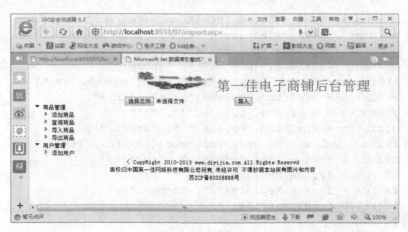

图 5-7 添加新商品

知识目标

熟悉文件上传和 Excel 读取的方法。

技能目标

掌握 insert into 语句的使用方法。

任务实现

步骤一：窗体界面的设计

```
<%@ Page Title="" Language="C#" MasterPageFile="~/backmaster.master" AutoEventWireup="true" CodeFile="import.aspx.cs" Inherits="import" %>
<asp:Content ID="Content1" ContentPlaceHolderID="head" Runat="Server">
</asp:Content>
<asp:Content ID="Content2" ContentPlaceHolderID="ContentPlaceHolder1" Runat="Server">
<asp:FileUpload ID="FileUpload1" runat="server" />
<asp:Button ID="Button1" runat="server" OnClick="Button1_Click" Text="导入" />
</asp:Content>
```

步骤二：代码设计

```
    protected void Button1_Click(object sender, EventArgs e)
    {   //将选取的excel文件上传至站点的xls文件夹下
        string filename = this.FileUpload1.PostedFile.FileName;
        string strpath = Server.MapPath("xls/");
        FileUpload1.SaveAs(strpath + filename);
        string str = ConfigurationManager.ConnectionStrings["accessConn"].ConnectionString;//获取连接字符串
        OleDbConnection conn = new OleDbConnection(str);//创建连接对象
        conn.Open();
        OleDbCommand cmd = new OleDbCommand("insert into product(pic,price,productName,contents,type) SELECT pic,price,productName,contents,type FROM [Excel 8.0;HDR=YES;DATABASE=" + strpath + filename + "].[product$]", conn);
        //insert into 语句，无条件查询excel,并将结果插入Access
        cmd.ExecuteNonQuery();
        Response.Write("<script>alert('数据导入成功');</script>");
    }
```

知识提炼

Excel也是一种数据库，很多人喜欢和Excel打交道，其应用范围远比Access广泛，在现实生活中经常出现将Excel数据导入Access、SQL Server等数据库的情况，或从Access、SQL Server中导出数据到Excel中。

（1）对excel的读写操作和对Access基本相同，命令行代码：

`"insert into product(pic,price,productName,contents,type) SELECT pic,price,productName,contents,type FROM [Excel 8.0;HDR=YES;DATABASE=" + strpath + filename + "].[product$]"`

insert into product中的product是access中写入的数据表名称；

product后面括号内的是Access数据表的字段列表，可用"*"代替，表示所有字段；

select后面的字段列表是Excel的字段列表，也可用"*"代替，表示所有字段；

strpath + filename代表上传Excel文件的物理路径，product$代表Excel中工作表的名称。

（2）在命名空间"Excel"中，定义了一个类"Cell"，这个类所代表的就是Excel表格中的一个单元格。通过给"Cell"赋值，从而实现往Excel表格中输入相应的数据，下列代码功能是打开Excel表格，并且往表格输入一些数据。

```
Excel.Application excel = new Excel.Application () ;
excel.Application.Workbooks.Add ( true ) ;
excel.Cells[1,1] = "11" ;
excel.Cells[1,2] = "12" ;
excel.Cells[2,1] = "21" ;
excel.Cells[2,2] = "22" ;
excel.Visible = true ;
```
同理可从 Excel 中读取数据。

任务五　修改商品信息——Web 控件与 Update 语句综合应用

【任务描述】

设计一个页面，实现修改已有商品记录的功能，同时提供修改商品图片的功能，图片修改后，原商品图片要从服务器上删除，如图 5-8 所示。

图 5-8　修改商品信息

在 manageproduct.aspx 页中单击每个商品的修改链接，可打开 updatepro.aspx，先将商品原信息显示出来，可以在此基础上修改商品名、单价、类别、介绍和商品图片，如果修改图片，原图片将从服务器上删除。

【知识目标】

熟悉数据记录修改技术。

【技能目标】

熟练掌握 update 语句的使用方法。

【任务实现】

步骤一：设计窗体文件

新建 updatepro.aspx，设计图 5-9 所示的页面。

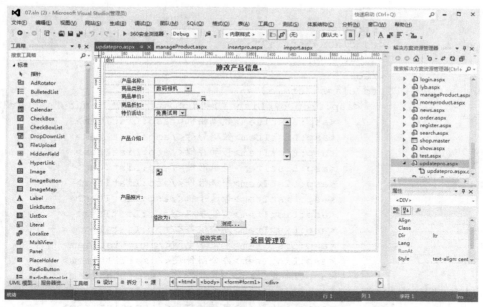

图 5-9 修改商品信息的设计界面

窗体文件 updatepro.aspx 的源代码如下：

```
<%@ Page Language="C#" AutoEventWireup="true" CodeFile="UPDATEpro.aspx.cs" Inherits= "UPDATEpro" %>
<!DOCTYPE html PUBLIC "-//W3C//DTD XHTML 1.0 Transitional//EN" "http://www.w3.org/TR/xhtml1/DTD/xhtml1-transitional.dtd">
<html xmlns="http://www.w3.org/1999/xhtml">
<head runat="server">
    <title></title>
    <style type="text/css">
        .style3{text-align: left;}
        .style5{height: 351px; width: 508px; margin-bottom: 0px;}
        .style7{text-align: right; width: 100px;}
    </style>
</head>
<body>
    <form id="form1" runat="server">
    <div style="text-align: center">
        <strong>修改产品信息: <hr /></strong>
        <table style="font-size: 9pt" cellpadding="0" cellspacing="0" class= "style5">
            <tr>
                <td class="style7">
                    产品名称:
                </td>
                <td style="width: 100px" align="left">
                    <asp:TextBox  ID="txtProuctName" runat="server" Width= "318px"></asp:TextBox>
                </td>
            </tr>
```

```
<tr>
    <strong>
    <td class="style7">
        商品类别:
    </td>
    <td class="style3">
        <asp:DropDownList ID="drpCategory" runat="server">
            <asp:ListItem>数码相机</asp:ListItem>
            <asp:ListItem>数码影音</asp:ListItem>
            <asp:ListItem>移动存储</asp:ListItem>
            <asp:ListItem>整机附件</asp:ListItem>
            <asp:ListItem>手机附件</asp:ListItem>
            <asp:ListItem>普通手机</asp:ListItem>
            <asp:ListItem>智能手机</asp:ListItem>
            <asp:ListItem>办公设备</asp:ListItem>
            <asp:ListItem>笔记本电脑</asp:ListItem>
            <asp:ListItem>办公附件类</asp:ListItem>
            <asp:ListItem>工具配件类</asp:ListItem>
            <asp:ListItem>游戏设备类</asp:ListItem>
            <asp:ListItem>电脑耗材类</asp:ListItem>
            <asp:ListItem>数码附件类</asp:ListItem>
            <asp:ListItem>笔记本配件</asp:ListItem>
            <asp:ListItem>数码摄像机</asp:ListItem>
        </asp:DropDownList>
    </td>
    </strong>
</tr>
<tr>
    <strong>
    <td class="style7">
        商品单价:
    </td>
    <td class="style3">
        <strong>
        <asp:TextBox ID="txtPrice" runat="server" Width="104px">
        </asp:TextBox>
        <span lang="zh-cn">元</span>
        </strong>
    </td>
    </strong>
</tr>
<tr>
    <td class="style7">产品介绍: </td>
    <td class="style3">
        <asp:TextBox  ID="txtIntro"  runat="server"  Height="101px" TextMode="MultiLine" Width="324px">
        </asp:TextBox>
    </td>
</tr>
<tr>
```

```html
            <td class="style7">产品照片: </td>
                <td style="width: 100px; height: 184px;" class="style3">
            <asp:Image ID="Image1" runat="server" Height="122px" Width="179px" />
                <br />修改为: <asp:FileUpload ID="FileUpload1" runat=
        "server" />
                </td>
            </tr>
        </table>
        <asp:Button ID="Button1" runat="server" OnClick="Button1_Click"
        Text="修改完成" />
        <span lang="zh-cn">
         <strong> <a href="manageProduct.aspx">返回管理页
        </a></strong>
        </span>
    </div>
    </form>
</body>
</html>
```

步骤二: 设计程序文件

程序文件 UPDATEpro.aspx.cs 的源代码如下:

```csharp
using System;
using System.Data;
using System.Collections.Generic;
using System.Web;
using System.Web.UI;
using System.Web.UI.WebControls;
using System.IO;
public partial class UPDATEpro : System.Web.UI.Page
{
    protected void Page_Load(object sender, EventArgs e)
    {
        if(Convert.ToInt32(Session["pass"]) != 1)
            Response.Redirect("login.aspx");
        if(!IsPostBack)
        {
            string strSQL = "SELECT * FROM product WHERE bh =" +Convert.ToUInt32(Request.QueryString["id"]);
            DataTable dt = DbManager.ExecuteQuery(strSQL);
            txtProuctName.Text = Server.HtmlDecode(dt.Rows[0]["productName"].ToString()).Replace("<br>", "\r\n");
            drpCategory.SelectedValue=dt.Rows[0]["type"].ToString();
            txtPrice.Text = dt.Rows[0]["price"].ToString();
            txtIntro.Text = Server.HtmlDecode(dt.Rows[0]["contents"].ToString()).Replace("<br>", "\r\n");
            //在窗口中显示图片
            Image1.ImageUrl = "images/" + dt.Rows[0]["pic"].ToString();
        }
    }
    protected void Button1_Click(object sender, EventArgs e)
```

```
        {
            string strSQL = "";
            string strName = Server.HtmlEncode(txtProuctName.Text);
            strName = strName.Replace("\r\n", "<br>");
            strName = strName.Replace("'", "''");
            strName = strName.Replace(" ", " ");
            string strIntro = Server.HtmlEncode(txtIntro.Text);
            strIntro = strIntro.Replace("\r\n", "<br>");
            strIntro = strIntro.Replace("'", "''");
            strIntro = strIntro.Replace(" ", " ");
            string fPrice = Server.HtmlEncode(txtPrice.Text);
            fPrice = fPrice.Replace("\r\n", "<br>");
            fPrice = fPrice.Replace("'", "''");
            fPrice = fPrice.Replace(" ", " ");
            if (FileUpload1.HasFile)
            {
                string strFileName = DateTime.Now.Year.ToString() + DateTime.Now.Month.ToString() + DateTime.Now.Day.ToString() + DateTime.Now.Hour.ToString() + DateTime.Now.Minute.ToString() + DateTime.Now.Second.ToString();
                //以时间命名图片
                FileUpload1.SaveAs(Server.MapPath("images/" + strFileName + ".jpg"));
                File.DELETE(Server.MapPath(Image1.ImageUrl));
                //将图片从服务器上删除
                strSQL = "UPDATE product SET productName='" + strName +"',type='"+drpCategory.SelectedValue.ToString()+"',price='"+txtPrice.Text +"',contents='" + strIntro + "',pic='" + strFileName + ".jpg' WHERE bh=" + Request.QueryString["id"];}
            else
                strSQL = "UPDATE product SET productName='" + strName +"',type='"+drpCategory.SelectedValue.ToString()+"',price='"+txtPrice.Text + "',contents='" + strIntro + "' WHERE bh=" + Request.QueryString["id"];
            if (DbManager.ExecuteNonQuery(strSQL) > 0)
            {
                Response.Write("<script>alert('修改成功')</script>");
                Response.Write("<script>location.assign('manageProduct.aspx')</scrip t>");
            }
            else
                Response.Write("<script>alert('修改失败')</scipt>");
        }
    }
```

知识提炼

记录的修改是比较复杂，一般可以分为两个步骤：

第一步是按编号将原有记录的内容查找并显示到网页中。

第二步是将显示出来的信息进行修改，确认修改时再执行UPDATE语句，更新数据库，本项目中还要更新服务器上的图片。

任务六 删除商品信息——Request 对象和 Delete 语句综合应用

任务描述
设计一个页面,执行删除指定商品记录的功能,同时删除相应的商品图片。

知识目标
熟悉数据记录删除技术。

技能目标
熟练掌握 Delete 语句的使用方法。

任务实现

步骤一:准备"删除"链接

确保在 managerproduct.aspx 页面中将每个商品图片下面添加一个"删除"链接,链接到 delpro.aspx,并将商品编号 bh 作为参数 id 的值传递。

步骤二:添加删除代码

在 delpro.aspx.cs 中完成删除数据库中的指定记录,同时删除相应的商品图片,具体代码如下:

```csharp
using System;
using System.Data;
using System.Collections.Generic;
using System.Web;
using System.Web.UI;
using System.Web.UI.WebControls;
using System.IO;//删除图片文件时要用到这个命名空间
public partial class delpro : System.Web.UI.Page
{
    protected void Page_Load(object sender, EventArgs e)
    {
        if(Convert.ToInt32(Session["pass"]) != 1)
            Response.Redirect("login.aspx");
        //按编号查找到要删除的图片文件名称
        string strSQL1 = "SELECT pic FROM product WHERE bh =" + Request.QueryString["id"];
        DataTable dt = DbManager.ExecuteQuery(strSQL1);
        string strurl = dt.Rows[0]["pic"].ToString();
        File.DELETE(Server.MapPath("images/" + strurl));//将图片从服务器上删除
        string strSQL = "DELETE * FROM product WHERE bh=" + Request.QueryString["id"];
        if(DbManager.ExecuteNonQuery(strSQL) > 0)
        {
            Response.Write("<script>alert('删除成功')</script>");
            Response.Write("<script>location.assign('manageProduct.aspx')</script>");
        }
    }
}
```

知识提炼

在删除商品时注意使用文件操作功能将图片从服务器上删除，这样处理的好处是服务器上不会留下无用的商品图片，避免服务器上频繁更新后无用图片过多的现象，关键语句是 File.DELETE(Server.MapPath("images/" + strurl))，注意要引入命名空间 System.IO。

任务七 导出商品信息——Access 向 Excel 导出数据

任务描述

设计一个页面，执行商品数据表的导出功能，并将导出数据存储在 Excel 中。

知识目标

熟悉数据导出的工作原理。

技能目标

掌握 Access 数据导出到 Excel 中的方法。

任务实现

步骤一：界面设计

为了简化设计过程，本任务采用固定 Excel 文件接收导出数据，因此界面非常简单，仅须加入一个 Button 控件。

```
<%@ Page Title="" Language="C#" MasterPageFile="~/backmaster.master"
AutoEventWireup="true" CodeFile="export.aspx.cs" Inherits="export" %>
<asp:Content ID="Content1" ContentPlaceHolderID="head" Runat="Server">
</asp:Content>
<asp:Content ID="Content2" ContentPlaceHolderID="ContentPlaceHolder1"
Runat="Server">
<asp:Button ID="Button1" runat="server" OnClick="Button1_Click" Text="
导出" />
</asp:Content>
```

步骤二：代码设计

```
protected void Button1_Click(object sender, EventArgs e)
{
    OleDbConnection con = new OleDbConnection();
    string filename = "d:/product.xls";
    if(System.IO.File.Exists(filename))
        System.IO.File.Delete(filename);//如果文件存在删除文件
    //select * into 建立新的表
    string sql = "select top 65535 *  into   [Excel 8.0;database=" + filename
+ "].[product] from product";
    //[[Excel 8.0;database= excel名].[sheet名] 如果是新建sheet表不能加$,如果向 sheet里插入数据要加$
    //sheet最多存储65535条数据
    con.ConnectionString=ConfigurationManager.ConnectionStrings
["accessConn"].ConnectionString;
    OleDbCommand com = new OleDbCommand(sql, con);
```

```
        con.Open();
        com.ExecuteNonQuery();
        Response.Write("<script>alert('数据导出成功');</script>");
        con.Close();
    }
```

知识提炼

数据导出是任务四数据导入的逆过程，也是 Access 和 Excel 之间数据相互转换的过程，本任务仅从技术角度出发实现了数据导出功能。

1. ```
   string filename = "d:/product.xls";
   if (System.IO.File.Exists(filename))
       System.IO.File.Delete(filename);
   ```
   采用固定文件名是为了简化不必要的步骤，在实际应用中需有另存为对话框，System.IO.File.Exists(filename)是检测文件是够存在，如存在则使用 System.IO.File.Delete(filename)删除文件。

2. string sql = "select top 65535 * into   [Excel 8.0;database=" + filename + "].[product] from product";

Select into 语句的语法结构 Select * into table from table2，其中由于 table 是 excel 工作表，只有 65536 行，因此增加了 top 65535 的限制，[Excel 8.0;database=" + filename + "].[product] 中 filename 是"d:/product.xls"，[product]是工作表的名称。

任务八　商品详细介绍页面的设计——Select 查询结果展示

商品详细页面的设计有很典型的代表意义，其中的技术可以运用到新闻详细情况显示和其他单条记录的显示情况。

任务描述

建立显示商品详细信息的网页 show.aspx。这个页面的功能是接收一个记录编号 id，然后按 id 的值查找到该记录的所有信息，并将商品信息全部显示出来。同时添加一个数量的文本框，选择放入购物车的数量，如图 5-9 所示。

图 5-9　单个商品详细信息的显示
   ```

知识目标

熟悉单条信息的显示与布局方法,掌握图像的显示方法。

技能目标

掌握数据查询及用 table 显示查询结果的方法。

任务实现

步骤一：设计窗体网页

新建网页 show.aspx，在其中放入一个一行两列的表格，在左侧单元格中放入一个显示商品图像的 Image 控件和一个显示商品名称的 Label，在右侧单元格中放入显示商品详细说明的 Label 和一个表示单价的 Label，表格下方放入一个表示购买数量的文本框和一个"加入购物车"的 ImageButton，设置 ImageUrl 为~/images/gouWuChe3.jpg，如图 5-10 所示。

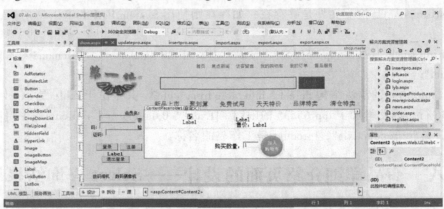

图 5-10 商品详细情况页的设计界面

生成的源代码如下：

```
<%@ Page Title="" Language="C#" MasterPageFile="~/shop.master" AutoEventWireup=
"true" CodeFile="show.aspx.cs" Inherits="show" %>
<asp:Content ID="Content1" ContentPlaceHolderID="head" runat="Server">
    <style type="text/css">
        .style3{width: 100%; }
        .style4{ text-align: center; width: 253px; }
    </style>
</asp:Content>
<asp:Content ID="Content2" ContentPlaceHolderID="ContentPlaceHolder1"
runat="Server">
<table class="style3">
    <tr>
        <td class="style4">
            <asp:Image ID="Image1" runat="server" /><br />
            <asp:Label    ID="txtTitle"    runat="server"    Text="Label">
            </asp:Label>
        </td>
        <td align="left"><br />
            <asp:Label    ID="txtContents"    runat="server"    Text="Label">
            </asp:Label>
```

```
            <br />售价：<asp:Label ID="txtPrice" runat="server" Text=
        "Label"></asp:Label>
            </td>
        </tr>
</table>
<br />
购买数量：<asp:TextBox ID="num" runat="server" Width="37px">1</asp:TextBox>
<asp:ImageButton ID="ImageButton1" runat="server" ImageUrl="~/images/
gouWuChe3.jpg" Height="74px" ImageAlign="Middle" onclick="ImageButton1_
Click" Width="72px"/>
</asp:Content>
```

步骤二： 建立 show.aspx.cs 程序文件

```
using System;
using System.Collections.Generic;
using System.Web;
using System.Web.UI;
using System.Web.UI.WebControls;
using System.Data;
public partial class show : System.Web.UI.Page
{
    protected void Page_Load(object sender, EventArgs e)
    {
        //显示商品详细信息
        string sql = "SELECT * FROM product WHERE bh=" + Request.QueryString["id"];
        DataTable dt= DbManager.ExecuteQuery(sql);
        Image1.ImageUrl ="images/"+dt.Rows[0]["pic"].ToString();//显示商品图像
        txtTitle.Text = dt.Rows[0]["productName"].ToString();
        txtContents.Text = dt.Rows[0]["contents"].ToString();
        txtPrice.Text = dt.Rows[0]["price"].ToString();
    }
    protected void ImageButton1_Click(object sender,ImageClickEventArgs e)
    {
        //将指定数量的商品放入购物车
        Response.Redirect("buy.aspx?id=" + Request.QueryString["id"] +
"&num=" + Convert.ToInt32(num.Text));
    }
}
```

知识提炼

商品详细页面的设计可以采用两方法实现，一种方法是在窗体中放入一个 FormView 控件和一个数据源控件 AccessDataSource，配置 AccessDataSource，在配置 SELECT 语句的 WHERE 条件时，接收字符串变量 id，最后配置 FormView 的显示样式。

另一种方法是手工编程的方式，在此页面中要接收前一页面中传递来的商品 ID，根据此 ID 在数据库的查询相应的商品详细信息，并根据需要将商品的详细信息显示出来；另一个要注意的是为改善显示效果，在设计"加入购物车"按钮时使用了图像按钮代替普通按钮。

任务九 商品搜索页面的设计——参数传递和接收的方法

【任务描述】

如图 5-11 所示,新建一个 search.aspx 文件,其中有一个搜索文本框,输入要查询的关键字,就可能在图 5-12 所示的 search.aspx 中显示查询结果。

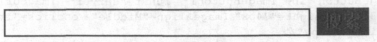

图 5-11 检索界面

图 5-12 检索结果界面

【知识目标】

掌握网页间传递参数与接收参数的方法。

【技能目标】

掌握"?"传递参数和 request 接收参数的方法。

【任务实现】

步骤一:建立查询窗体界面

新建一个 search.aspx 文件,其中有一个搜索文本框和一个 ImageButton,双击 ImageButton,在事件代码中输入如下代码:

```
protected void ImageButton1_Click(object sender, ImageClickEventArgs e)
{
    Response.Redirect("search.aspx?proName='" + TextBox1.Text + "'");
}
```

步骤二:接收参数并按参数查询,将结果显示到显示控件 Repeater 中

新建 search1.aspx,在其中拖动一个 Repeater 控件,转到程序文件 search.aspx.cs 中,输入如下代码:

```
using System;
public partial class search1 : System.Web.UI.Page
{
    protected void Page_Load(object sender, EventArgs e)
    {
        string strSQL = "SELECT * FROM  product WHERE  productName LIKE  '%"
+Request.QueryString["proName"] + "%'";
        Repeater1.DataSource = DbManager.ExecuteQuery(strSQL);
        Repeater1.DataBind();
    }
}
```

步骤三：设计窗体文件，显示数据库中的字段

转到窗体文件，配置 Repeater 控件的模板，最终生成如下代码：

```
<%@ Page Language="C#" AutoEventWireup="true" CodeFile="search1.aspx.cs"
Inherits="search1" %>
<!DOCTYPE html PUBLIC "-//W3C//DTD XHTML 1.0 Transitional//EN"
"http://www.w3.org/TR/xhtml1/DTD/xhtml1-transitional.dtd">
<html xmlns="http://www.w3.org/1999/xhtml">
<head runat="server">
<title></title>
    <style type="text/css">
        .style1{text-align: center;}
    </style>
</head>
<body>
    <form id="form1" runat="server">
    <div>
    <div class="style1">
        <strong>查询结果</strong>
    </div>
        <hr width="75%" />
        <asp:Repeater ID="Repeater1" runat="server" >
            <HeaderTemplate>
                <table align="center">
            </HeaderTemplate>

            <ItemTemplate>
                <tr>
                    <td>
                        <%#Eval("bh") %>
                    </td>
                    <td align align="left">
                        <a href="show.aspx?bh=<%#Eval("bh") %>" target=
"_blank"> <%#Eval("productName")%></a>
                    </td>
                </tr>
            </ItemTemplate>
            <FooterTemplate>
                </table>
```

```
        </FooterTemplate>
      </asp:Repeater>
    </div>
  </form>
</body>
</html>
```

知识提炼

（1）网页间传递参数可以使用 Response.Redirect("search.aspx?proName='" + TextBox1.Text + "'");的形式，代码的作用是将浏览器定向到 search.aspx，同时通过"？"方式将文本框 TextBox1.Text 的值传递过去。通过"？"方式传递链接的方法也可以用于超链接、window.open(网页名)中。例如：

```
<a href="show.aspx?id=1">编号为 1</a>
Response.Write("<script>window.open('show.aspx?id=1')</script>");
```
其中 id 后的参数值可以是变量，如同上面程序中就是变量 TextBox1.Text。

（2）接收地址栏传递的参数一般方法是使用 Request.QueryString["strName"]的方式接收，实际上只要是以"？"方式传递过来的参数，都可以用这种方式接收，这种方式的优点是执行速度快，缺点是"？"方式传递参数时，参数会显示的地址栏中，保密性不好，还有这种方式传递的参数不能太长。

（3）若想使用模糊查询，可以在 SELECT 语句中使用 LIKE '%字符串%'的方式，%表示任何字符串（含空字符串），在字符串前后都加%表示，只要被查询内容中包含指定字符串就可以符合查找条件。

（4）在此调用了 DbManager.ExecuteQuery（ ）方法进行查询，查询结果是一个 DataTable，在此可将此结果绑定到 Repeater 控件上显示。

```
using System;
public partial class search1 : System.Web.UI.Page
{
    protected void Page_Load(object sender, EventArgs e)
    {
        string strSQL = "SELECT * FROM product WHERE productName LIKE '%" +Request["proName"] + "%'";
        Repeater1.DataSource = DbManager.ExecuteQuery(strSQL);
Repeater1.DataBind();
    }
}
```

Repeater 显示控件用法灵活，它使用模板自由创建 Repeater 控件的布局，自由的来展现数据，Repeater 控件最关键的部分是模板，它的样式要全靠模板定义，允许用户定义五种模板：

① ItemTemplate（数据模板），这是 Repeater 控件必须的和最重要的模板；
② AlternatingItemTemplate（隔行数据模板），可选参数；
③ SeparatorTemplate（分割线模板），可选参数；
④ HeaderTemplate（头模板），可选参数；
⑤ FooterTemplate（结尾模板），可选参数。

在上面的程序代码中，使用"<ItemTemplate>"定义要显示数据字段的样式，利用"<%# Eval("id ") %>"和"<%# Eval("productName ") %>"语句将数据表中 id 字段、productName 字段的信息绑定到当前位置显示出来。

HeaderTemplate、ItemTemplate 和 FooterTemplate 一起构造了一个表格，数据模板部分自动重复，显示出表格中所有记录。可以单独使用"ItemTemplate"模板循环显示记录，样式可以十分自由，形式不局限于表格。

（5）程序代码：<a href="show.aspx?bh=<%#Eval("bh") %>" target="_blank"><%#Eval("productName")%></a>的作用是实现链接到 show.apx，并且传递参数 bh 到 show.aspx 中，bh 的值是来自数据表中的 bh 字段，这样在单击每个链接时，就会打开 show.aspx，在其中显示与 bh 相对应的产品信息。

任务十　分页显示更多商品——DataList 控件和分页技术综合应用

当单击 default.aspx 页中左侧某类商品时将显示该类别的所有商品，在此用使用分页多栏的显示效果。

任务描述

在网页中使用 DataList 和分页技术，实现分页显示，并且在每一页中显示多栏商品信息，效果如图 5-13 所示。打开网页 moreproduct.aspx，可以将其中用于分页显示的内容设计成一个 Web 用户控件 fenye1.ascx，然后将此控件拖动到 moreproduct.aspx 中即可，因此，本任务的重点是建立 Web 用户控件。

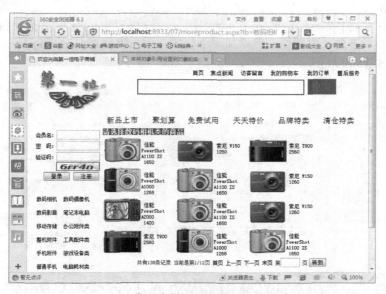

图 5-13　分页多栏显示某类别的所有商品

知识目标

加深对数据控件知识和分页技术的理解。

技能目标

熟练使用 DataList 控件和双 Top 分页技术。

任务实现

步骤一：新建 Web 用户控件

添加一个 DataList 和一组放置在 Panel 控件中并且用于分页的控件：一个 Label 标签，四个 LinkButton，一个文本框，一个转到按钮，其中 DataList 控件设置属性 RepeatDirection="Horizontal"（水平显示），RepeatColumns = " 3 " (一行显示 3 列)，也可打开属性生成器进行设置，如图 5-14 所示。修改 DataList 的 ItemTemplate 模板，添加一个 HTML 图像控件，此处显示商品图像，并在单击该图像时显示相应商品的详细信息，在源视图中输入代码：

图 5-14 DataList 属性

```
<a href="show.aspx?id=<%# Eval("bh") %>"><img src="images/ <%#Eval("pic")%>" align="left" style="border-style: none" width="88" /><br />
```

该图像是左对齐的，在图像右侧添加两个标签，手工绑定到 price 和 productName 字段，最终效果如图 5-15 所示。

图 5-15 分页显示时 DataList 项模板的设计

相应的源代码如下：

```
<%@ Control Language="C#" AutoEventWireup="true" CodeFile="fenye1.ascx.
```

```
cs" Inherits="fenye" %>
<style type="text/css">
    .style1{font-size: 9pt; color: #003366; }
</style>
<div>
    <asp:DataList ID="DataList1" runat="server" RepeatColumns="3" RepeatDirection
    ="Horizontal" Width="502px">
        <ItemTemplate>
            <a href="show.aspx?id=<%# Eval("bh") %>">
                <img src="images/<%#Eval("pic")%>" align="left" style=
    "border- style: none" width="88" /><br /> 
                <span>
                <asp:Label ID="titleLabel" runat="server" Text='<%# Eval("productName")
    %>' /><br /> 
                <asp:Label ID="priceLabel" runat="server" Text='<%# Eval("price")
    %>' />
                </span>
            </a>
        </ItemTemplate>
    </asp:DataList>
    <asp:Panel ID="Panel1" runat="server" CssClass="style1">
        <asp:Label ID="lblTotal" runat="server" Text="" ></asp:Label>
        <asp:HyperLink ID="hlFirst" runat="server">首页</asp:HyperLink>
        <asp:HyperLink ID="hlPre" runat="server">上一页</asp:HyperLink>
        <asp:HyperLink ID="hlNext" runat="server">下一页</asp:HyperLink>
        <asp:HyperLink ID="hlLast" runat="server">末页</asp:HyperLink>
        第<asp:TextBox ID="txtGoPage" runat="server" Width="40px"></asp:
TextBox>页<asp:Button ID="Button1" runat="server" OnClick="Button1_
Click" Text="转到" />
    </asp:Panel>
</div>
```

步骤二：用手工编程的方式将分页的代码绑定到 DataList
涉及的程序文件是 fenye.ascx.cs。

```
using System;
public partial class fenye : System.Web.UI.UserControl
{
    protected void Page_Load(object sender, EventArgs e)
    {
        int iPageSize = 12;                  //每页几条
        string strTableName = "product";     //要显示的数据表
        string strKey = "bh";                //说明数据表的关键字段
        string strORDER = "DESC";            //按关键字段升序 asc,降序 DESC 排列
        string lb = Request.QueryString["lb"].ToString();
        //要显示的字段,用"*"表示或用英文逗号分隔开如"产品名称,单价,单位数量"
        string strFields = "*";
        int iCurPage;
```

```csharp
        int iMaxPage = 1;
        string sql = "";
            string sqlstr = "SELECT count(*)  FROM " + strTableName + " WHERE type='" + lb + "'";
        if(Request.QueryString["page"] != "")
            iCurPage = Convert.ToInt32(Request.QueryString["page"]);
        else
            iCurPage = 1;
        //求总记录数
        int intTotalRec = Convert.ToInt32(DbManager.ExecuteScalar(sqlstr));
        if (intTotalRec % iPageSize == 0)
            iMaxPage = intTotalRec / iPageSize;//求总页数
        else
            iMaxPage = intTotalRec / iPageSize + 1;
        if(iMaxPage == 0) iMaxPage = 1;
        if(iCurPage < 1) iCurPage = 1;
        else
        if(iCurPage > iMaxPage) iCurPage = iMaxPage;
        if(intTotalRec != 0)
        {
            if(iCurPage == 1)
                sql = "SELECT top " + iPageSize + " " + strFields + " FROM " + strTableName +" WHERE type='"+lb+"' ORDER BY " + strKey + " " + strOrder;
            else
                sql = "SELECT top " + iPageSize + " " + strFields + " FROM " + strTableName + " WHERE   " + strKey +" not in(SELECT top " + (iCurPage - 1) * iPageSize + " " + strKey + " FROM " + strTableName +" WHERE type='"+lb+"' ORDER BY  " + strKey + " " + strORDER + " )  AND type='"+lb+"' ORDER BY  " + strKey + " " + strOrder;
            DataList1.DataSource = DbManager.ExecuteQuery(sql);
            //显示控件名称要根据实际使用控件名修改
            DtaList1.DataBind();}
        lblTotal.Text = "共有" + intTotalRec.ToString() + "条记录当前是第" + iCurPage.ToString() + "/" + iMaxPage.ToString() + "页  ";
        if(iCurPage != 1)
        {
            //注意lb两侧不要加单引号,下同
            hlFirst.NavigateUrl = Request.FilePath + "?page=1&lb="+lb;
hlPre.NavigateUrl = Request.FilePath + "?page=" + (iCurPage - 1)+"&lb="+lb;}
        if(iCurPage != iMaxPage)
        {
            hlNext.NavigateUrl=Request.FilePath + "?page="+(iCurPage + 1)+ "&lb=" + lb ;
            hlLast.NavigateUrl = Request.FilePath + "?page=" + iMaxPage + "&lb=" + lb;}
```

```
            if(intTotalRec <= iPageSize)
                Panel1.Visible = false;
            else
                Panel1.Visible = true;
    }
    protected void Button1_Click(object sender, EventArgs e)
    {
        int iCurPage = 1;
        if(txtGoPage.Text != "")
            iCurPage = Convert.ToInt32(txtGoPage.Text);
            Response.Redirect(Request.FilePath + "?page=" + iCurPage+"&&lb=
"+Request.QueryString["lb"].ToString());
    }
}
```

这段代码的功能和前面讲解建立Web用户控件有些相似。

步骤三：应用自定义控件到新网页

新建基于母版页 shop.master 的网页 moreproduct.aspx，将 fenye1.asxc 拖动到其中即可。

知识提炼

分页显示的功能在前面使用了多次，在此只须稍加改动.aspx.cs 文件和.aspx 中显示字段名称即可实现目标效果。

知识拓展

Eavl 绑定数据时的格式设置。

在使用 Eavl 绑定数据时，经常需要对其显示效果进行修饰，使用<%#Eval("字段名","{0:格式字符串}")%>的形式。在 Eavl 绑定数据中的{0}表示数据本身，在冒号后面的格式字符串代表所希望数据显示的格式，在指定的格式符号后可以指定小数所要显示的位数。例如原来的数据为 1.56，若格式设定为 {0:N1}，则输出为 1.5。

如果 Eavl 绑定的字段是数值型的，Eval("字段名","{0：格式字符串}"中格式字符串的含义如表 5-1 所示。

表 5-1　绑定数值型字段时格式字符串的含义

格式字符	说　　明
C	以货币格式显示数值
D	以十进制格式显示数值
E	以科学记数法（指数）格式显示数值
F	以固定格式显示数值
G	以常规格式显示数值
N	以数字格式显示数值
X	以十六进制格式显示数值

表 5-2 是一些数据格式使用示例，供参考。

表 5-2 绑定数值型字段时格式字符串的使用示例

格式字符串	输 入	结 果
"{0:C}"	12345.6789	$12,345.68
"{0:C}"	-12345.6789	($12,345.68)
"{0:D}"	12345	12345
"{0:D8}"	12345	00012345
"{0:E}"	12345.6789	1234568E+004
"{0:E10}"	12345.6789	1.2345678900E+004
"{0:F}"	12345.6789	12345.68
"{0:F0}"	12345.6789	12346
"{0:G}"	12345.6789	12345.6789
"{0:G7}"	123456789	1.234568E8
"{0:N}"	12345.6789	12,345.68
"{0:N4}"	123456789	123,456,789.0000
"Total: {0:C}"	12345.6789	Total: $12345.68
"{0:¥ #,##0.00}"	12345.6789	¥ 12,345.68

绑定日期型字段时格式字符串的含义如表 5-3 所示。

表 5-3 绑定日期型字段时格式字符串的含义

格式	说明	输出格式
d	精简日期格式	yyyy-MM-dd
D	详细日期格式	yyyy 年 MM 月 dd 日
f	完整格式	(long date + short time) dddd, MMMM dd, yyyy HH:mm
F	完整日期时间格式	(long date + long time) dddd, MMMM dd, yyyy HH:mm:ss
g	一般格式	(short date + short time) MM/dd/yyyy HH:mm
G	一般格式	(short date + long time) MM/dd/yyyy HH:mm:ss
m,M	月日格式	MMMM dd
s	适中日期时间格式	yyyy-MM-dd HH:mm:ss
t	精简时间格式	HH:mm
T	详细时间格式	HH:mm:ss
{0:yyyy-MM-dd}	输出日期，年为4位，日月2位	yyyy 年 MM 月 dd 日，例如 2009-05-08
{0:yyyy-M-d}	输出日期，年为 4 位，日月无前导 0	yyyy 年 M 月 d 日 例如 2009-5-8 或 2009-5-28
{0:yy-M-d}	输出日期，年为 2 位，日月无前导 0	yy 年 M 月 d 日， 例如 09-5-8 或 09-5-28

思考与练习

（1）使用 Access 创建商品表，至少包含：商品编号、商品名称、价格、折扣、数量等字段，在此基础上实现添加商品、删除商品、修改商品信息和查询商品功能。

（2）在（1）题的基础上实现批量商品的导入和导出功能。

（3）在（1）题的基础上使用数据控件实现商品的浏览功能。

（4）在（3）题的基础上利用双 Top 方法实现数据控件的分页显示。

电子商铺留言板的制作

知识目标

（1）熟悉常用数据控件；
（2）自定义分页技术；
（3）自定义头像的存储和显示；
（4）掌握控件数据绑定技术；
（5）理解验证码技术。

技能目标

（1）掌握 Repeater 控件的使用方法；
（2）掌握字符串替换技术；
（3）熟悉 DataList 控件的使用方法；
（4）利用 DropDownList 控件显示头像。

留言板是许多网站必备的功能之一，也是很多学习者编制的第一个像样的实例，学习制作留言板，将会综合使用前面介绍的知识和技术，对加深理解前面的知识大有好处。通过制作留言板可以学习常用数据控件的使用方法，以及数据绑定技术；还可以掌握分页技术、验证码技术、字符过滤技术和头像的存储和显示技术。

任务设计

商铺的留言板具有的基本功能有：添加留言和显示留言，具有分页显示留言的功能，带头像的留言板以及管理留言，包括留言管理界面的用户登录，留言删除和管理员回复功能。

任务分解

为了实现上述功能以及学习相应的技术，将留言板的制作分解为以下多个任务：

任务一：添加留言界面的制作。
任务二：留言分页显示效果的实现。
任务三：多栏分页效果的实现。
任务四：头像的添加与显示。
任务五：显示带有头像的留言。
任务六：管理员登录页面的设计。

任务七：留言管理页的建立。
任务八：删除指定留言。
任务九：回复留言。

任务一　添加留言界面的制作——Replace 方法

任务描述

如图 6-1 所示，设计一个简单的留言界面，在此留言界面中，留言者可以填写姓名，留言内容，并提交到数据库，通过点击"查看留言"显示所有留言内容。

图 6-1　显示留言的界面

知识目标

应用数据库操作类实现插入操作，学会特殊字符处理。

技能目标

掌握使用 Access 数据库建库、建表的方法，以及数据操作类调用的方法。

任务实现

（1）在 Access 数据库 shop.mdb 中新建一个留言数据表 lyb，它的结构如图 6-2 所示。其中的头像和回复字段在后面的进一步完善时会使用到，在此一并创建。

（2）在站点根文件夹中新建 App_Code 文件夹，并将上一章中使用的数据库操作类 DbManager.cs 复制到其中。

（3）配置 web.config，将其中的<connectionStrings/>节替换为下面的代码：

```
<connectionStrings>
    <add name="accessConn" connectionString="Provider=Microsoft.Jet.
    OleDb.4.0;Data Source=|DataDirectory|\shop.mdb" providerName=
    "System.Data.OleDb"/>
</connectionStrings>
```

（4）新建 add.aspx 窗体文件，添加两个文本框，其中一个的 TextMode 设置为"MultiLine"，再添加一个按钮，Text 属性设置为"发表留言"，一个超链接"查看留言"，链接到 show.aspx，生成 add.aspx 的源代码如下：

```
<%@ Page Language="C#" AutoEventWireup="true" CodeFile="add.aspx.cs"
Inherits="add" %>
<!DOCTYPE html PUBLIC "-//W3C//DTD XHTML 1.0 Transitional//EN" "http://
www.w3.org/TR/xhtml1/DTD/xhtml1-transitional.dtd">
<html xmlns="http://www.w3.org/1999/xhtml">
<head runat="server">
    <title></title>
    <style type="text/css">
        .style1{
            font-size: large;
            font-weight: bold;
            text-align: center;
        }
        p{
            margin-bottom:2px;
        }
    </style>
</head>
<body style="text-align: center">
    <form id="form1" runat="server">
    <div>
        <p class="style1">请在此留下你宝贵的建议</p>
        <hr />
        <p>留 言 者: <asp:TextBox ID="TextBox1" runat="server"
Width="418px"></asp:TextBox></p>
        <p>留言内容: <asp:TextBox ID="TextBox2" runat="server" Height=
"226px" TextMode="MultiLine" Width="422px"> </asp:TextBox> </p>
        <p><asp:Button ID="Button1" runat="server" Text="发表留言"
onclick= "Button1_Click" />
              <a href="show.aspx">查看留言</a></p>
    </div>
    </form>
</body>
</html>
```

最终生成的网页如图 6-2 所示。

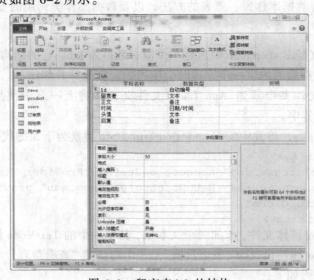

图 6-2 留言表 lyb 的结构

（5）双击"发表留言"按钮，转到 add.aspx.cs 文件中，添加按钮单击事件代码：

```
protected void Button1_Click(object sender, EventArgs e)
{
    string strSQL = "INSERT INTO lyb(留言者,正文,时间) VALUES ('" + TextBox1.Text + "','" + TextBox2.Text + "','" + DateTime.Now.Date + "')";
    DbManager.ExecuteNonQuery(strSQL);
}
```

其中的时间指留言时间，取发表留言的系统时间 DateTime.Now.Date，省去手工输入的麻烦。

运行这个页面，即可显示如图 6-1 所示的留言界面，单击"发表留言"按钮就可以成功留言，但留言成功后没有提示，不免有些不足。

另外，目前的系统中还存在的问题有：
- 添加留言时不能含有单引号，否则会破坏 SQL 语句中单引号的匹配，从而引起错误。
- 输入留言内容时按了回车进行分段，但在将来显示留言正文内容时并没有分段，多个段落连接在一起，输出为一个大的段落。
- 留言内容中输入了多个空格但在最后显示时只出现一个空格。
- 不允许输入"<"和">"。

这些问题有多种解决方法，本系统中采用字符替换法实现分段、单引号和空格的正常处理。在执行 INSERT 语句前对要提交的留言正文做特殊字符替换处理。使用 Server.HtmlEncode 来替换"<"和">"，使用 Replace 方法替换其他特殊字符，具体做法如下：

```
string strContent = Server.HtmlEncode(TextBox2.Text);
strContent = strContent.Replace("\r\n", "<br>");
strContent = strContent.Replace("'", "''");
strContent = strContent.Replace(" ", " ");
```

改进的 add.aspx.cs 代码如下：

```
protected void Button1_Click(object sender, EventArgs e)
{
    //替换留言者姓名中的可能出现的特殊字符
    string strName = Server.HtmlEncode(TextBox1.Text);
    strName = strName.Replace("\r\n", "<br>");
    strName = strName.Replace("'", "''");
    strName = strName.Replace(" ", " ");
    //替换留言内容中的可能出现的特殊字符
    string strContent = Server.HtmlEncode(TextBox2.Text);
    strContent = strContent.Replace("\r\n", "<br>");
    strContent = strContent.Replace("'", "''");
    strContent = strContent.Replace(" ", " ");
    string strSQL = "INSERT INTO lyb(留言者,正文,时间) VALUES ('" + strName + "','" + strContent + "','" + DateTime.Now.Date + "')";
    if(DbManager.ExecuteNonQuery(strSQL) > 0)//如果插入成功则返回值大于 0
    {
        Response.Write("<script>alert('插入成功')</script>");
        //留言成功后弹出提示
        Response.Write("<script>location.assign('show.aspx')</script>");
        //转到显示留言页
    }
    else
        Response.Write("<script>alert('插入失败')</scipt>");
}
```

知识提炼

1. 关于字符串替换：

Server.HtmlEncode(TextBox1.Text)的作用是应用 Server 对象的 HtmlEncode 方法将 TextBox1 中的"<"和">"替换成"<"和">"，相应的，Server 对象的 HtmlDecode 方法可以逆向转换。

strName.Replace("\r\n", "<br>")是应用字符串替换方法将回车键替换为换行。类似的，将单引号替换成两个单引号，将空格替换成" "。

2. 使用 JavaScript 脚本:在本段代码中<script>location.assign('show.aspx')</script>表示调用客户端脚本 JavaScript 实现将浏览器当前页面转到 show.aspx 页，再运行 add.aspx，发现留言效果比较好了，留言成功后会转到 show.aspx（只是因为 show.aspx 尚未建立，会出现找不到该页面的错误）。

3. 关闭提交验证：由于 ASP.NET 默认情况下是不允许通过文本框等输入控件输入 HTML 内容，所以如果输入内容中含有"<"和">"，提交时就会出错。此时需要关闭页面的提交验证，即在添加留言窗体网页的"源"视图第一行最后加入 ValidateRequest="false"。

修改为：
```
<%@ Page Language="C#" AutoEventWireup="true" CodeFile="INSERT.aspx.cs" Inherits="INSERT" ValidateRequest="false" %>
```
上述方法将在后面的新闻系统和商铺中大量出现，请仔细体会其用法。

任务二　留言分页显示效果的实现——Repeater 控件

任务描述

分页显示已有留言，留言者、留言时间显示在左侧、留言内容显示在右侧，奇数行和偶数背景色有所区别，以方便识别，效果如图 6-3 所示。

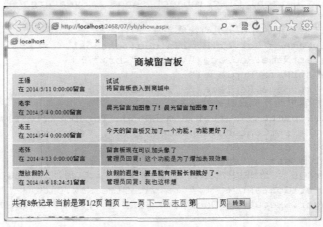

图 6-3　留言显示页

知识目标

强化分页显示技术。

技能目标

掌握 Web 用户控制的设计方法。

任务实现

步骤一：设计分页用户显示界面

新建一个 Web 用户控件 fenye1.ascx，如图 6-4 所示。

图 6-4 新建 Web 用户控件

添加控件。在 fenye1.ascx 中拖动四个 LinkButton 按钮和一个 label、一个 TextBox、一个 Button、一个 Repeater 控件、一个 Pannel 控件，将四个 LinkButton 按钮、TextBox、Button 放入 Pannel 控件中，生成的网页如图 6-5 所示。

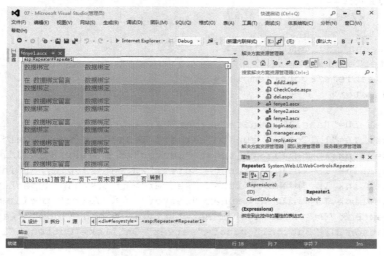

图 6-5 用户自定义分页控件设计界面

设置 Repeater 控件的模板，添加样式，并在模板中绑定数据，窗体文件源代码如下：

```
<%@ Control Language="C#" AutoEventWireup="true" CodeFile="fenye1.ascx.cs" Inherits= "fenye" %>
<div id="fenyestyle">
<asp:Repeater ID="Repeater1" runat="server">
```

```
<HeaderTemplate>
    <table width="100%">
</HeaderTemplate>
<ItemTemplate>
    <tr bgcolor="#d2eaf1">
        <td width="30%">
            <p><%#Eval("留言者")%></p>
            <p>在<%#Eval("时间")%>留言</p>
        </td>
        <td>
            <p><%#Eval("正文")%></p>
            <div style="color: #0000ff">
            <%#Eval("回复","<p>管理员回复: {0}</p>")%></div><!--用不同颜色显示回复内容-->
        </td>
    </tr>
</ItemTemplate>
<AlternatingItemTemplate>
    <tr bgcolor="#a5d5e2">
        <td width="30%">
            <p><%#Eval("留言者")%></p>
            <p>在<%#Eval("时间")%>留言</p>
        </td>
        <td>
            <p><%#Eval("正文")%></p>
            <div style="color: #0000ff">
            <%#Eval("回复","<p>管理员回复: {0}</p>")%></div><!--用不同颜色显示回复内容-->
        </td>
    </tr>
</AlternatingItemTemplate>
<FooterTemplate>
    </table></FooterTemplate>
</asp:Repeater>
<br />
<asp:Panel ID="Panel1" runat="server">
<asp:Label ID="lblTotal" runat="server" Text=""></asp:Label>
<asp:HyperLink ID="hlFirst" runat="server">首页</asp:HyperLink>
<asp:HyperLink ID="hlPre" runat="server">上一页</asp:HyperLink>
<asp:HyperLink ID="hlNext" runat="server">下一页</asp:HyperLink>
<asp:HyperLink ID="hlLast" runat="server">末页</asp:HyperLink>
第<asp:TextBox ID="txtGoPage" runat="server" Width="40px"></asp:TextBox>
页<asp:Button ID="Button1" runat="server" OnClick="Button1_Click" Text="转到" />
</asp:Panel>
</div>
```

步骤二：在程序文件中添加分页代码

在 fenye1.ascx.cs 文件中输入如下事件代码：

```
using System;
public partial class fenye : System.Web.UI.UserControl
```

```csharp
{
    protected void Page_Load(object sender, EventArgs e)
    {
        int iPageSize = 5;              //每页几条
        string strTableName = "lyb";    //要显示的数据表
        string strKey = "ID";           //说明数据表的关键字段
        string strORDER = "DESC";       //按关键字段升序 asc,降序 DESC 排列
        string strFields = "*";         //要显示的字段,用"*"表示或用英文逗号分隔开

        int iCurPage;
        int iMaxPage = 1;
        string sql = "";
        string sqlstr = "SELECT count(*) FROM " + strTableName;
        if(Request.QueryString["page"] != "")
            iCurPage = Convert.ToInt32(Request.QueryString["page"]);
        else
            iCurPage = 1;
        //求总记录数
        int intTotalRec = Convert.ToInt32(DbManager.ExecuteScalar(sqlstr));
        if(intTotalRec % iPageSize == 0)
            iMaxPage = intTotalRec / iPageSize;//求总页数
        else
            iMaxPage = intTotalRec / iPageSize + 1;
        if(iMaxPage == 0)
            iMaxPage = 1;
        if(iCurPage < 1)
        iCurPage = 1;
        else
        if(iCurPage > iMaxPage)
            iCurPage = iMaxPage;
        if(intTotalRec != 0)
        {
            if(iCurPage == 1)
                sql = "SELECT top " + iPageSize + " " + strFields + "  FROM  "
                    + strTableName + " ORDER BY  " + strKey + " " + strOrder;
            else
                sql = "SELECT top " + iPageSize + " " + strFields + " FROM "
                + strTableName + "  WHERE   " + strKey + "  not in(SELECT top "
                + (iCurPage - 1) * iPageSize + " " + strKey + "  FROM  "
                + strTableName + " ORDER BY " + strKey + " " + strORDER + " )
                ORDER BY  " + strKey + " " + strOrder;
            //显示控件名称要根据实际使用控件名修改,如可改成 DataList1 等
            Repeater1.DataSource = DbManager.ExecuteQuery(sql);
            Repeater1.DataBind();}
        lblTotal.Text = "共有" + intTotalRec.ToString() + "条记录当前是第"
        + iCurPage.ToString() + "/" + iMaxPage.ToString() + "页  ";
        if(iCurPage != 1)
        {
        hlFirst.NavigateUrl = Request.FilePath + "?page=1"; //转到第一页
        hlPre.NavigateUrl = Request.FilePath + "?page=" + (iCurPage - 1);
        }
        if(iCurPage != iMaxPage)
        {
```

```
                hlNext.NavigateUrl = Request.FilePath + "?page=" + (iCurPage + 1);
                hlLast.NavigateUrl = Request.FilePath + "?page=" + iMaxPage;}
        if(intTotalRec <= iPageSize)
            Panel1.Visible = false;
        else
            Panel1.Visible = true;
    }
    protected void Button1_Click(object sender, EventArgs e)
    {
        int iCurPage = 1;
        if(txtGoPage.Text != "")
   iCurPage = Convert.ToInt32(txtGoPage.Text);
        Response.Redirect(Request.FilePath + "?page=" + iCurPage);
    }
}
```

步骤三：将 Web 用户定义控件应用到网页中

新建网页 show.aspx，将 fenye1.ascx 拖动到 show.aspx 的设计视图中，并添加 css 样式代码，运行得到图 6-3 所示的结果，show.aspx 的源代码如下：

```
<%@ Page Language="C#" AutoEventWireup="true" CodeFile="show.aspx.cs"
Inherits="show" %>
<%@ Register src="fenye1.ascx" tagname="fenye1" tagprefix="uc1" %>
<!DOCTYPE html PUBLIC "-//W3C//DTD XHTML 1.0 Transitional//EN" "http://
www.w3.org/TR/xhtml1/DTD/xhtml1-transitional.dtd">
<html xmlns="http://www.w3.org/1999/xhtml">
<head runat="server">
    <title></title>
    <style type="text/css">
        .style1 {
            text-align: center;
            font-weight: bold;
            font-size:20px;
            margin-bottom:10px;
        }
        #fenyestyle td{
            padding:5px 10px;
        }
        #fenyestyle p{
            margin:0;
            padding:2px;
            font-size:small;
        }
        #fenyestyle .headimg{
            width:40px;
            height:40px;
        }
    </style>
</head>
<body>
    <form id="form1" runat="server">
        <p class="style1">商铺留言板</p>
        <div>
```

```
            <uc1:fenye1 ID="fenye21" runat="server" />
        </div>
    </form>
</body>
</html>
```
这就完成了最简单的留言板，它只具备添加留言和分页显示留言的功能。

知识提炼

（1）Request.FilePath 的功能是求出当前文件的文件名，而不用直接在代码中输入当前的文件名，这样做的好处是当前文件重命名时不用修改代码中"上一页、下一页"等链接中涉及的文件名。

（2）修改 fenye1.ascx.cs 中开始几行的代码：
```
int iPageSize = 5;                        //每页几条
string strTableName = "lyb";              //要显示的数据表
string strKey = "ID";                     //说明数据表的关键字段
string strORDER = "DESC";                 //按关键字段升序 asc,降序 DESC 排列
```
就可以应用到其他场合，如将数据表名修改为产品表，并修改.ascx 中的 Eval 字段，则可以将显示产品表中的信息。

（3）注意下面代码中的粗体字部分：
```
<ItemTemplate>
    <tr bgcolor="#d2eaf1">
        <td width="30%">
            <p><%#Eval("留言者")%></p>
            <p>在<%#Eval("时间")%>留言</p>
        </td>
        <td>
            <p><%#Eval("正文")%></p>
            <div style="color: #0000ff"><%#Eval("回复","<p>管理员回复:
{0}</p>")%> </div><!--用不同颜色显示回复内容-->
        </td>
    </tr>
</ItemTemplate>
```
在<tr bgcolor="#d2eaf1">中的粗体字部分表示在<ItemTemplate>模板中用不同背景色显示留言字段。

下面的语句是用来显示回复内容的：
```
<div style="color: #0000ff">
    <%#Eval("回复","<p>管理员回复: {0}</p>")%>
</div><!--用不同颜色显示回复内容-->
```
注意：<%#Eval("回复","<p>管理员回复: {0}</p>")%>中的{0}代表数据表中的回复字段的值，而最终显示在网页上的内容是"<p>管理员回复: {0}</p>"，其中的{0}被替换成实际回复的内容。

任务三　多栏分页效果的实现——DataList 控件

任务描述

使用 DataList 控件和自定义分页技术可以实现多栏显示效果，同时使用分页技术，即可实现图 6-6 所示的多栏显示数据库中字段，产生类似于 Word 中的分栏效果。

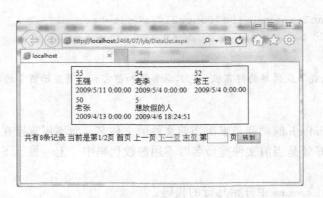

图 6-6　使用 DataList 实现多栏分页的效果

知识目标

熟悉 DataList 的用法。

技能目标

掌握 DataList 控件的设置及编码方法。

任务实现

步骤一：准备分页用户控件

（1）将上面任务中的用户自定义控件 fenye1.ascx 复制并粘贴到站点根文件夹，得到"复件 fenye.aspx"，重命名为 fenYeDataList.ascx。

（2）打开 fenYeDataList.ascx，删除其中的 Repeater 控件，并添加一个 DataList 控件，在属性生成器中设置其属性为水平方向显示，列数为 3，并将"格式"中的"对齐方式"设置为"居中"，其余控件也设置为"水平居中"，如图 6-7 所示。

图 6-7　在 DataList 属性生成器中设置属性

（3）在"源"视图设置 ItemTemplate 模板为要显示的数据字段。

```
<%@ Control Language="C#" AutoEventWireup="true" CodeFile="fenyeDataList.ascx.cs" Inherits="fenye" %>
<div>
```

```
<asp:DataList ID="DataList1" runat="server" RepeatColumns="3"
    RepeatDirection="Horizontal" GridLines="Both" Font-Bold="False"
        Font-Italic="False" Font-Overline="False" Font-Strikeout="False"
        Font-Underline="False" HorizontalAlign="Center">
    <HeaderTemplate><table></HeaderTemplate>
    <ItemTemplate>
        <%#Eval("id")%><br />
        <%#Eval("留言者 ")%><br />
        <%#Eval("时间")%><br />
    </ItemTemplate>
    <FooterTemplate></table></FooterTemplate>
</asp:DataList>
<asp:Panel ID="Panel1" runat="server" style="text-align: center">
<asp:Label ID="lblTotal" runat="server" Text=""></asp:Label>
<asp:HyperLink ID="hlFirst" runat="server">首页</asp:HyperLink>
<asp:HyperLink ID="hlPre" runat="server">上一页</asp:HyperLink>
<asp:HyperLink ID="hlNext" runat="server">下一页</asp:HyperLink>
<asp:HyperLink ID="hlLast" runat="server">末页</asp:HyperLink>
第<asp:TextBox ID="txtGoPage" runat="server" Width="40px"></asp:TextBox>
页<asp:Button ID="Button1" runat="server" OnClick="Button1_Click" Text="
转到" />
</asp:Panel>
</div>
```

（4）修改 fenYeDataList.ascx.cs，将其中的 Repeater1 替换为 DataList1。

步骤二：应用自定义分页控件到窗体文件

新建一个 DataList.aspx 窗体文件，将 fenYeDataList.ascx 拖动进来，运行就可以得到图 6-6 所示的效果。

知识提炼

（1）DataList 控件介绍。DataList 控件象 Repeater 控件一样，用来显示被绑定到此控件的数据项的一个循环序列。然而，DataList 控件默认地在数据项周围添加一个表格。DataList 控件可以被绑定到数据库表、XML 文件或者任何数据项序列。

在 DataList 控件中，使用模板定义信息的布局。DataList 控件支持表 6-1 所示的模板。

表 6-1 DataList 支持的模板

模　板	说　明
ItemTemplate	为数据源中的每行呈现一次的 HTML 元素和控件
AlternatingItemTemplate	与 ItemTemplate 元素类似，但对 DataList 控件中的行每隔一行呈现一次。如果使用此模板，通常为其创建不同的外观，如与 ItemTemplate 不同的背景色
SelectedItemTemplate	当用户选择 DataList 控件中的项时呈现的元素。典型的用法是使用背景色或字体颜色可视地标记该行。还可以通过显示数据源中的其他字段来展开该项
EditItemTemplate	当项处于编辑模式中时的布局。此模板通常包含编辑控件，如 TextBox 控件
HeaderTemplate 和 FooterTemplate	在列表的开始和结束处呈现的文本和控件
SeparatorTemplate	在每项之间呈现的元素。典型的示例是行（使用<HR>元素）

项的布局：不但可使用模板指定个别项内控件和文本的布局，而且还可以指定相对于其他项应如何布置这些项。DataList 控件提供表 6-2 所示的选项。

表 6-2　DataList 提供的选项

选　项	说　明
流与表 RepeatLayout 属性设置为 Flow 或 Table	在流布局中，以字处理文档的样式在行内呈现列表项。 在表布局中，项呈现到 HTML 表中，这更便于指定项的外观，因为它使您得以设置表单元格属性，如网格线
垂直与水平排序 RepeatDirection 属性设置为 Vertical 或 Horizontal	默认情况下，在单个垂直列中显示 DataList 控件中的项。但是，可以指定该控件包含多个列。如果这样，可进一步指定这些项是垂直排序（类似于报刊栏）还是水平排列（类似于日历中的日）
列数 RepeatColumns	不管 DataList 控件中的项是垂直排序还是水平排序，都可指定该列表将具有多少列。这使您得以控制 Web 页的呈现宽度，通常可以因此而避免水平滚动

（2）使用自定义控件的优点是对于一些固定形式的自定义分页可以减少重复编码的工作量，缺点是不够灵活，如果要想灵活显示分页，最好还是理解好分页的代码，以便根据需要灵活处理。

任务四　头像的添加与显示——DropDownList控件和Image控件

只有纯文字的留言板给人的感觉有点单调，如果能够添加一些图像，就会使留言板增色不少，头像的添加实际非常简单，只需要事先在服务器端准备一些图像，在添加留言时选择某个图像，将图像文件名存放在留言表的"头像"列中即可。

任务描述

如图 6-8 和图 6-9 所示，添加留言时添加头像，并在显示页面中显示头像。

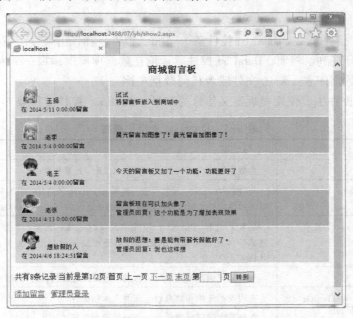

图 6-8　带有头像功能的留言板

图 6-9 添加带头像的留言

知识目标

掌握在留言板中添加和显示图像的方法，美化留言板。

技能目标

掌握 DropDownList 控件的设计方法。

任务实现

步骤一：准备头像文件素材

在站点根文件夹下新建一个专门存放头像的文件夹，其中存放事先处理好的 10 个小头像 01.jpg，02.jpg，…，10.jpg。

步骤二：设计留言窗体文件

复制 add.aspx 并粘贴到站点根文件夹下，将生成的"复件 add.aspx"重命名为"add2.aspx"，在 add2.aspx 的设计视图中添加一个下拉菜单控件 DropDownList1、一个 Web 服务器图像控件 image1，在下拉菜单中单击智能标记，选择其中的"编辑项"，在弹出的对话框中添加各下拉菜单项，其中填写各个图像的文件名（不含扩展名），如图 6-10 所示。

图 6-10 设置 DropDownList 控件

add2.aspx 生成的源代码如下：

```
<%@ Page Language="C#" AutoEventWireup="true" CodeFile="add2.aspx.cs"
Inherits="lyb" %>
<!DOCTYPE html PUBLIC "-//W3C//DTD XHTML 1.0 Transitional//EN" "http://www.
w3.org/TR/xhtml1/DTD/xhtml1-transitional.dtd">
<html xmlns="http://www.w3.org/1999/xhtml">
<head runat="server">
    <title></title>
    <style type="text/css">
        .style1{
            font-size: 20px;
            font-weight: bold;
            text-align: center;
        }
        p{
            margin-bottom:2px;
        }
    </style>
</head>
<body style="text-align: center">
    <form id="form1" runat="server">
    <div><p class="style1">请在此留下你宝贵的建议</p>
        <hr />
        <p>留 言 者: <asp:TextBox ID="TextBox1" runat="server"
        Width="418px"></asp:TextBox></p>
        <p>留言内容: <asp:TextBox ID="TextBox2" runat="server" Height=
        "226px" TextMode="MultiLine" Width="422px"></asp:TextBox> </p>
        <p> 头像: <asp:DropDownList ID="DropDownList1" runat="server"
        AutoPostBack= "True">
            <asp:ListItem Value="01">01</asp:ListItem>
            <asp:ListItem Value="02">02</asp:ListItem>
            <asp:ListItem Value="03">03</asp:ListItem>
            <asp:ListItem Value="04">04</asp:ListItem>
            <asp:ListItem Value="05">05</asp:ListItem>
            <asp:ListItem>06</asp:ListItem>
            <asp:ListItem>07</asp:ListItem>
            <asp:ListItem Value="08"></asp:ListItem>
            <asp:ListItem>09</asp:ListItem>
            <asp:ListItem>10</asp:ListItem>
        </asp:DropDownList> 
        <asp:Image ID="Image1" runat="server" Height="60px" Width="60px" /></p>
        <p><asp:Button ID="Button1" runat="server" Text="发表留言"
        onclick= "Button1_Click" />
              <a href="show2.aspx">查看留言
        </a></p> </div>
    </form>
</body>
</html>
```

步骤三：添加 DropDownList 事件代码

添加完图像名称后切记将"启用 AutoPostBack"前的复选框打钩，如图 6-10 所示，这样做主要是为了下拉菜单中的不同图像时，会使旁边的图像控件 Images 即时显示选择图像的样子。双击页面空白处，在 Page-Load 代码中添加网页加载特辑 Images1：

```
protected void Page_Load(object sender, EventArgs e)
{
    Image1.ImageUrl ="images/"+DropDownList1.SelectedValue.ToString()+".jpg";
}
```

这样就可以通过选择图像并将用户选择的图像显示在图像控件之中。最终生成图 6-11 所示的界面。

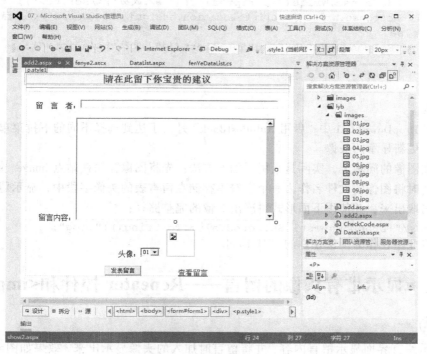

图 6-11　添加留言设计界面

步骤四：添加"发表留言"按钮事件程序代码

单击"发表留言"按钮，添加如下程序代码：

```
using System;
public partial class lyb : System.Web.UI.Page
{
    protected void Page_Load(object sender, EventArgs e)
    {
        Image1.ImageUrl ="images/"+DropDownList1.SelectedValue.ToString()+".jpg";
    }
    protected void Button1_Click(object sender, EventArgs e)
    {
        //过滤特殊字符
        string strContent = Server.HtmlEncode(TextBox2.Text);
```

```
strContent = strContent.Replace("\r\n", "<br>");
strContent = strContent.Replace("'", "''");
strContent = strContent.Replace(" ", " ");
string strTitle = Server.HtmlEncode(TextBox1.Text);
strTitle = strTitle.Replace("\r\n", "<br>");
strTitle = strTitle.Replace("'", "''");
strTitle = strTitle.Replace(" ", " ");
string strSQL = "INSERT INTO lyb(留言者,正文,时间,头像) VALUES ('"
+ strTitle + "','" + strContent + "','" + DateTime.Now.Date
+ "','"+DropDownList1.SelectedValue.ToString()+"')";
if(DbManager.ExecuteNonQuery(strSQL) > 0)
{
    Response.Write("<script>alert('插入成功')</script>");
    Response.Write("<script>location.assign('show2.aspx')</script>");}
else
    Response.Write("<script>alert('插入失败')</scipt>");
}
}
```

知识提炼

（1）在 DropDownList1 中 "启用 AutoPostBack" 是为了达到选择不同的下拉菜单值时实现页面回送，更新显示的头像。

（2）在图像的问题上，实际是采用了如下方法：先将图像存储在站点 images 文件夹下，在添加留言时将图像的文件名作为一个字符串存储在留言表的头像字段中，显示留言时将头像的文件名取出来，并使用下面形式拼凑出头像的完整路径：

```
"images/"+DropDownList1.SelectedValue.ToString()+".jpg";
```
最后将此路径作为图像控件的 URL 即可。

任务五　显示带有头像的留言——Repeater 控件和<img>标记

任务描述

在显示留言界面显示留言内容，并将留言时加入的头像显示出来，效果如图 6-8 所示。

知识目标

利用图像控件和数据绑定技术显示留言数据库中的头像文件。

技能目标

掌握 Repeater 控件的设计方法。

任务实现

步骤一：准备分页控件

在 Visual Studio 中复制用户自定义分页控件 fenye1.ascx 并粘贴到根文件夹下，重命名为 fenye2.ascx。

步骤二：修改分页控件的显示代码

修改 fenye2.ascx，在<ItemTemplate>和<AlternatingItemTemplate>中添加显示的代码：

```
<%@ Control Language="C#" AutoEventWireup="true" CodeFile="fenye2.ascx.cs" Inherits="fenye2" %>
<div id="fenyestyle">
    <asp:Repeater ID="Repeater1" runat="server">
        <HeaderTemplate>
            <table width="100%">
        </HeaderTemplate>
        <ItemTemplate>
            <tr bgcolor="#d2eaf1">
                <td width="30%">
                <p><img class="headimg" src="images/<%#Eval("头像")%>.jpg">    <%#Eval("留言者")%></p>
                <p>在<%#Eval("时间")%>留言</p>
                </td>
                <td>
                <p><%#Eval("正文")%></p>
                <div style="color: #0000ff">
                <%#Eval("回复","<p>管理员回复: {0}</p>")%></div><!--用不同颜色显示回复内容-->
                </td>
            </tr>
        </ItemTemplate>
        <AlternatingItemTemplate>
            <tr bgcolor="#a5d5e2">
                <td width="30%">
                <p><img class="headimg" src="images/<%#Eval("头像")%>.jpg">    <%#Eval("留言者")%></p>
                <p>在<%#Eval("时间")%>留言</p>
                </td>
                <td>
                <p><%#Eval("正文")%></p>
                <div style="color: #0000ff">
                <%#Eval("回复","<p>管理员回复: {0}</p>")%></div><!--用不同颜色显示回复内容-->
                </td>
            </tr>
        </AlternatingItemTemplate>
        <FooterTemplate></table></FooterTemplate>
    </asp:Repeater>
    <br />
    <asp:Panel ID="Panel1" runat="server">
    <asp:Label ID="lblTotal" runat="server" Text=""></asp:Label>
    <asp:HyperLink ID="hlFirst" runat="server">首页</asp:HyperLink>
    <asp:HyperLink ID="hlPre" runat="server">上一页</asp:HyperLink>
    <asp:HyperLink ID="hlNext" runat="server">下一页</asp:HyperLink>
    <asp:HyperLink ID="hlLast" runat="server">末页</asp:HyperLink>
    第 <asp:TextBox ID="txtGoPage" runat="server" Width="40px"> </asp:TextBox>页<asp:Button ID="Button1" runat="server" OnClick= "Button1_Click" Text="转到" />
    </asp:Panel>
</div>
```

其中`<img class="headimg" src="images/<%#Eval("头像")%>.jpg">`的作用就是显示数据库中lyb数据表中留言时使用的图像。

步骤三：编写事件代码

在程序文件fenye2.ascx.cs中输入如下代码：

```
using System;
public partial class fenye : System.Web.UI.UserControl
{
    protected void Page_Load(object sender, EventArgs e)
    {
        int iPageSize = 5;            //每页几条
        string strTableName = "lyb";  //要显示的数据表
        string strKey = "ID";         //说明数据表的关键字段
        string strORDER = "DESC";     //按关键字段升序asc,降序DESC排列
        //要显示的字段,用"*"表示或用英文逗号分隔开如"产品名称,单价,单位数量"
        string strFields = "*";
        int iCurPage;
        int iMaxPage = 1;
        string sql = "";
        string sqlstr = "SELECT count(*) FROM " + strTableName;
        if(Request.QueryString["page"] != "")
            iCurPage = Convert.ToInt32(Request.QueryString["page"]);
        else
            iCurPage = 1;
        int        intTotalRec=Convert.ToInt32(DbManager.ExecuteScalar(sqlstr));//求总记录数
        if(intTotalRec % iPageSize == 0)
            iMaxPage = intTotalRec / iPageSize;//求总页数
        else
            iMaxPage = intTotalRec / iPageSize + 1;
        if(iMaxPage == 0)
            iMaxPage = 1;
        if(iCurPage < 1)
            iCurPage = 1;
        else
            if(iCurPage > iMaxPage)
                iCurPage = iMaxPage;
        if(intTotalRec != 0)
        {
            if(iCurPage == 1)
                sql = "SELECT top " + iPageSize + " " + strFields + " FROM
                " + strTableName + " ORDER BY " + strKey + " " + strOrder;
            else
                sql = "SELECT top "+iPageSize + " " + strFields + " FROM "
                    + strTableName + " WHERE  " + strKey + " not in(SELECT top
                    " + (iCurPage - 1) * iPageSize + " " + strKey + " FROM " +
                    strTableName + " ORDER BY " + strKey + " " + strORDER + " )
                    ORDER BY " + strKey + " " + strOrder;
```

```csharp
            //显示控件名称要根据实际使用控件名修改
            Repeater1.DataSource = DbManager.ExecuteQuery(sql);
            Repeater1.DataBind();
        }
        lblTotal.Text = "共有" + intTotalRec.ToString() + "条记录当前
是第" + iCurPage.ToString() + "/" + iMaxPage.ToString() + "页 ";
        if(iCurPage != 1)
        {
            hlFirst.NavigateUrl = Request.FilePath + "?page=1";
            hlPre.NavigateUrl = Request.FilePath + "?page="
            + (iCurPage - 1);
        }
        if(iCurPage != iMaxPage)
        {
            hlNext.NavigateUrl=Request.FilePath+"?page="+(iCurPage+1);
            hlLast.NavigateUrl = Request.FilePath + "?page="+ iMaxPage;
        }
        if(intTotalRec <= iPageSize)
            Panel1.Visible = false;
        else
            Panel1.Visible = true;
    }

    protected void Button1_Click(object sender, EventArgs e)
    {
        int iCurPage = 1;
        if(txtGoPage.Text != "")
            iCurPage = Convert.ToInt32(txtGoPage.Text);
        Response.Redirect(Request.FilePath + "?page=" + iCurPage);
    }
}
```

步骤四：应用用户控件到窗体文件中

新建一个 show2.aspx 窗体文件，将 fenye2.ascx 拖动到其中，并在其后添加一个"添加留言"的链接即可，运行 show2.aspx，得到图 6-8 所示的效果。

知识提炼

（1）关于分页控件：在此页面中关键是设计分页控件，对于显示留言来讲主要是使用了一个 HTML 图像控件 IMG，在显示图像时采用<img src="images/<%#Eval("头像")%>.jpg">的形式拼凑出图像的完整路径。

（2）关于数据绑定：数据绑定表达式是一种特殊的表达式，它直到运行时才计算出结果，在页面中使用数据绑定表达式，只需要将表达式书成<%#Eval("字段名")%>的形式即可。Eavl()方法在计算表达式时，利用反射技术来根据名称查找属性，使用反射会有一些性能损失。

注意在使用绑定时可以使用参数，即可以使用类似下面的形式：

<%#Eval("字段名", "{0:D}")%>

在其中的第二个参数{0:D}是可选的格式字符串，格式字符串中可以设置不同的参数来格

式化日期或货币

数据绑定使用较多的是用<%#Eval()%>表示的绑定,这种叫做单向绑定,一般只是用于显示数据项,不能进行编辑,实际还有一种被称为双向绑定的表达式,形式为<%#Bind()%>,使用双向绑定不仅可以显示数据项,还可以对数据项进行编辑。

(3)关于奇偶行颜色:为实现奇偶行数据背景色不一样,在表格背景上使用了不同的颜色,这样可以方便阅读,尤其是数据项内容较宽时,可以有效的避免读错行的问题。

任务六　管理员登录页面的设计——验证码技术

一般的,一个较好的留言板不仅能让访问者留言,网站管理人员应该能够回复留言,同时可能会有人在留言板上留下一些广告之类的无用留言,所以最好能够让管理员能够删除留言,回复和删除的功能只有管理员能够执行,下面先实现管理员登录。

任务描述

设计管理员登录页面,其中用户名和密码是事先存储在数据库的用户表中,考虑到安全问题,在登录时要输入随机生成的验证码,效果如图 6-12 所示。

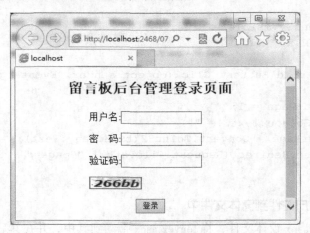

图 6-12　管理员登录界面

知识目标

熟悉验证码技术,掌握验证码调用的方法。

技能目标

掌握 Session 对象的使用方法。

任务实现

步骤一:设计用户数据表

在数据库中添加用户表。打开数据库 shop.mdb,新建一张表,其中添加用户名和密码两个字段,保存为"用户表",这张数据表用来存放管理员的姓名和密码,如图 6-13 所示,在其中添加一个用户 admin,密码也为 admin,如图 6-14 所示。

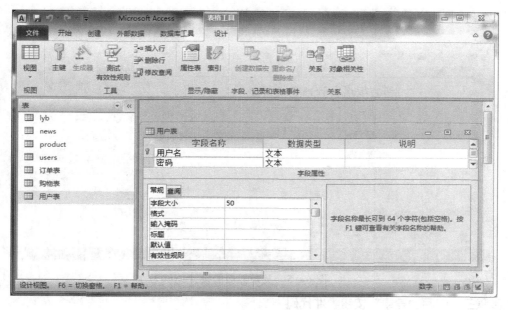

图 6-13　用户表的设计视图

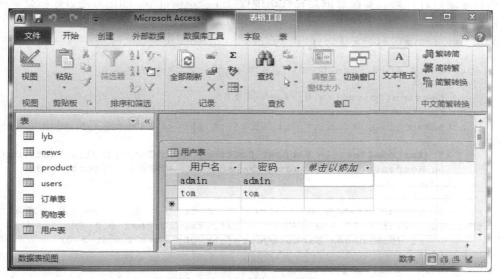

图 6-14　用户表中的数据

步骤二：设计登录页面，调用验证码程序

新建窗体面 login.aspx，添加三个文本框和一个按钮，将用于表示密码的文本框 TextMode 属性设置为 Password，再选择工具箱中 HTML 控件中的 Image 控件（注意不是标准控件中的 Image 控件），将生成验证码的文件 CheckCode.aspx 和 CheckCode.aspx.cs 文件复制到站点根文件夹中，设置 Image 控件的 Src 属性为 CheckCode.aspx，如图 6-15 所示。

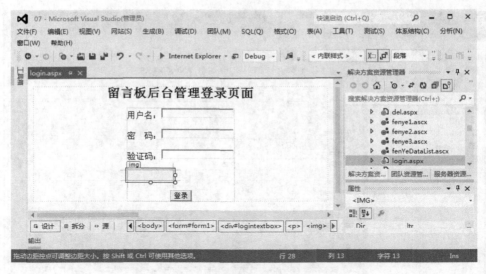

图 6-15 登录界面的设计

步骤三：编写"登录"按钮事件代码

编写登录事件代码，要注意的是在代码中设置了 Session["pass"]作为是否成功登录的标志，初始值为 0。

```
public partial class login : System.Web.UI.Page
{
    protected void Page_Load(object sender, EventArgs e)
    {
        Session["pass"] = 0;//初始值为 0
    }
    protected void btnLogin_Click(object sender, EventArgs e)
    {
        if (txtCode.Text != Request.Cookies["CheckCode"].Value.ToString())
            Response.Write("<script>alert('验证码错误!')</script>");
        else
        {
            string strSQL = "select * from 用户表 where 用户名='" + txtUserName.Text + "' and 密码='" + txtPassword.Text + "'";
            if (DbManager.ExecuteQuery(strSQL).Rows.Count > 0)
            {
                Session["pass"] = 1;
                Response.Redirect("manager.aspx");
            }
            else
                Response.Write("<script>alert('用户名或密码错误!') </script>");
        }
    }
}
```

知识提炼

（1）验证码

验证码就是将一串随机产生的数字或符号，生成一幅图片，图片里加上一些干扰像素（防止 OCR），由用户肉眼识别，将其中的验证码信息输入到表单中再提交网站验证，验证成功后才能使用某项功能。

验证码的作用一般是防止有人利用机器人自动批量注册、对特定的注册用户用特定程序暴力破解方式进行不断的登录、灌水。因为验证码是一个混合了数字或符号的图片，人眼看起来都费劲，机器识别起来就更困难。一般有用户登录和注册 ID 的地方以及各大论坛都需要输入验证码。

（2）单击登录按钮后大致执行了以下步骤：

① 判断验证码是否正确，如果不正确给出警告并要求重新输入。

② 按照输入的用户名和密码到用户表中进行查找，判断查询结果表（在 DbManager.cs 中查询语句执行的结果是一个临时表）中的行数是否大于 0，如果大于 0 表示用户表中有一条记录的用户名、密码字段和登录界面中输入的用户名、密码匹配，这样就认为登录成功，否则认为登录失败。

（3）在存储和读取验证码值时，使用了 Cookie 对象，这是 CheckCode.aspx.cs 将生成的验证码存储到客户端，用 Request.Cookies["CheckCode"].Value 将此值读取出来和用户输入的验证码进行比较。

CheckCode.aspx 是一个专门生成验证码的文件，只要将 HTML 图像控件的 Src 属性设置为 CheckCode.aspx 即可将生成的验证码显示在图像控件。生成验证码的关键代码全部放在 CheckCode.aspx.cs 中，有兴趣的读者可以研究一下，其具体代码如下：

```
using System;
using System.Web;
using System.Drawing;

public partial class Tools_CheckCode : System.Web.UI.Page
{
    protected void Page_Load(object sender, EventArgs e)
    {
        this.CreateCheckCodeImage(GenerateCheckCode());
    }
    private string GenerateCheckCode()
    {
        int number;
        char code;
        string checkCode = String.Empty;
        System.Random random = new Random();
        for(int i = 0; i < 5; i++)
        {
            number = random.Next();
            if(number % 2 == 0)
                code = (char)('0' + (char)(number % 10));
            else
                code = (char)('a' + (char)(number % 26));
            if(code == '0')
                code = '6';
            checkCode += code.ToString();}
        Response.Cookies.Add(new HttpCookie("CheckCode", checkCode));
```

```csharp
        return checkCode;
    }

    private void CreateCheckCodeImage(string checkCode)
    {
        if(checkCode == null || checkCode.Trim() == String.Empty)
            return;
        System.Drawing.Bitmap image = new System.Drawing.Bitmap
((int)Math.Ceiling((checkCode.Length * 12.5)), 22);
        Graphics g = Graphics.FROM Image(image);
        try
        {
            //生成随机生成器
            Random random = new Random();
            //清空图片背景色
            g.Clear(Color.White);
            //画图片的背景噪声线,原来是i < 25
            for(int i = 0; i <25; i++)
            {
                int x1 = random.Next(image.Width);
                int x2 = random.Next(image.Width);
                int y1 = random.Next(image.Height);
                int y2 = random.Next(image.Height);
                g.DrawLine(new Pen(Color.GreenYellow), x1, y1, x2, y2);
            }
            Font font = new System.Drawing.Font("Verdana", 12,
                (System.Drawing.FontStyle.Bold | System.Drawing.
                FontStyle.Italic));
            System.Drawing.Drawing2D.LinearGradientBrush brush = new
                System.Drawing.Drawing2D.LinearGradientBrush(new Rectangle
                (0, 0, image.Width, image.Height), Color.Blue,
                Color.DarkRed, 1.2f, true);
            g.DrawString(checkCode, font, brush, 2, 2);
             //画图片的前景噪声点,原来是i < 80
            for(int i = 0; i < 2; i++)
            {
                int x = random.Next(image.Width);
                int y = random.Next(image.Height);
                image.SETPixel(x, y, Color.FROM Argb(random.Next()));
            }
            //画图片的边框线
            g.DrawRectangle(new Pen(Color.Red), 0, 0, image.Width - 1,
image.Height - 1);
            System.IO.MemoryStream ms = new System.IO.MemoryStream();
            image.Save(ms, System.Drawing.Imaging.ImageFormat.Gif);
            Response.ClearContent();
            Response.ContentType = "image/Gif";
            Response.BinaryWrite(ms.ToArray());}
        finally
        {
```

```
            g.Dispose();
            image.Dispose();
        }
    }
}
```

任务七　留言管理页的建立——Repeater 控件和参数传递

登录成功后进入到一个管理页，在此管理页中实现对现有留言的回复和删除。

任务描述

建立留言管理页，在此管理页中管理员可以查看已有留言，并可以回复和删除指定留言，效果如图 6-16 所示。

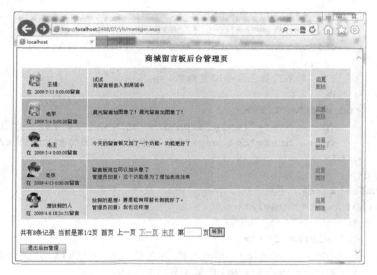

图 6-16　留言管理页界面

知识目标

掌握留言管理的方法，熟悉超链接方式传递参数。

技能目标

掌握 "?" 在 Repeater 控件中的使用方法。

任务实现

步骤一：建立用户自定义分页控件

复制 fenye2.ascx 并粘贴到站点根文件夹，将生成的 "复件 fenye2.asc" 重命名为 "fenye3.ascx"。

步骤二：修改用户自定义控件设计视图

修改 fenye3.ascx 为下面的样子，加粗部分是修改的地方：

```
<%@ Control Language="C#" AutoEventWireup="true" CodeFile="fenye3.ascx.cs" Inherits="fenye3" %>
```

```html
<link href="css.css" rel="stylesheet" type="text/css" />
<div id="fenyestyle">
<asp:Repeater ID="Repeater1" runat="server">
    <HeaderTemplate>
        <table width="100%">
    </HeaderTemplate>
    <ItemTemplate>
        <tr bgcolor="#d2eaf1">
            <td width="20%">
                <p><img class="headimg" src="images/<%#Eval("头像")%>.jpg">
                   <%#Eval("留言者")%></p>
                <p>在<%#Eval("时间")%>留言</p>
            </td>
            <td>
                <p><%#Eval("正文")%></p>
                <div style="color: #0000ff">
                <%#Eval("回复","<p>管理员回复: {0}</p>")%>
                </div>
                <!--用不同颜色显示回复内容-->
            </td>
            <td width="12%">
                <p><a href="reply.aspx?id=<%#Eval("id")%>">回复</a></p>
                <p><a href="del.aspx?id=<%#Eval("id")%>">删除</a></p>
            </td>
        </tr>
    </ItemTemplate>
    <AlternatingItemTemplate>
        <tr bgcolor="#a5d5e2">
            <td width="20%">
                <p><img class="headimg" src="images/<%#Eval("头像")%>.jpg">
                    <%#Eval("留言者")%></p>
                <p>在<%#Eval("时间")%>留言</p>
            </td>
            <td>
                <p><%#Eval("正文")%></p>
                <div style="color: #0000ff">
                <%#Eval("回复","<p>管理员回复: {0}</p>")%>
                </div>
                <!--用不同颜色显示回复内容-->
            </td>
            <td width="12%">
                <p><a href="reply.aspx?id=<%#Eval("id")%>">回复</a></p>
                <p><a href="del.aspx?id=<%#Eval("id")%>">删除</a></p>
            </td>
        </tr>
    </AlternatingItemTemplate>
    <FooterTemplate>
        </table>
```

```
        </FooterTemplate>
</asp:Repeater>
<br />
<asp:Panel ID="Panel1" runat="server">
<asp:Label ID="lblTotal" runat="server" Text=""></asp:Label>
<asp:HyperLink ID="hlFirst" runat="server">首页</asp:HyperLink>
<asp:HyperLink ID="hlPre" runat="server">上一页</asp:HyperLink>
<asp:HyperLink ID="hlNext" runat="server">下一页</asp:HyperLink>
<asp:HyperLink ID="hlLast" runat="server">末页</asp:HyperLink>
第<asp:TextBox ID="txtGoPage" runat="server" Width="40px"></asp:TextBox>
页<asp:Button ID="Button1" runat="server" OnClick="Button1_Click" Text="
转到" />
</asp:Panel>
</div>
```

步骤三：应用自定义分页控件到窗体文件

新建窗体文件 Manger.aspx，将 renye3.ascx 拖动到该窗体文件中，为保证显示效果，可将网页中的字体调节的小一些。

知识提炼

1. 管理页的建立

留言管理页的主要功能是能够分页显示所有留言信息，并且能够进行回复和删除，当然也可以添加修改、分类等更复杂的功能，在此只添加了回复和删除两个基本功能，具体实现思路是在分页显示的页面中添加"回复"和"删除"两个超链接，即在 Repeater 控件的<ItemTemplate>和<AlternatingItemTemplate>模板中添加如下关键代码：

```
<td width="12%">
<a href="reply.aspx?id=<%#Eval("id")%>">回复</a><br /><br />
<a href="del.aspx?id=<%#Eval("id")%>">删除</a>
</td>
```

这样在显示留言的同时会显示"回复"和"删除"两个超链接。

2. 超链接传递参数

如果有 URL 后面有?则把后面的内容称为查询字符串，这是一个可选字符串，举个例子：比如要查看特定用户的详细信息用 detail.aspx?id=userid，其中 userid 是一个用户表中唯一标志 detail.aspx 将查询字符串的值，并显示属于该用户(userid)的详细信息。

在本任务中使用了类似的技术来传递参数，不过要注意的是在?之后所传递的参数是一个动态数据，它来自于留言表中的 id 列，不同的留言 id 是不同的，如同人的身份证号。在"回复"和"删除"这两个超链接中，当单击这两个链接时将采用?的形式将当前留言的 id 传递给相应的回复文件 reply.aspx 或删除文件 del.aspx，在 reply.aspx 和 del.aspx 中只要采用 Request.QueryString["id"]的形式就可以接收到这个参数了。

任务八 删除指定留言——Delete 语句和接收参数

删除留言的功能相对比较容易实现，主要的思路是接收查询字符串传递来的 id 号，根据这个 id 号使用删除语句就可以了。

任务描述

在管理页中单击某条留言对应的"删除"超链接,删除该留言,并给出删除成功的提示。

知识目标

根据 URL 传递来的参数,删除指定留言。

技能目标

掌握 Session 对象验证登录的方法。

任务实现

新建一个删除网页 del.aspx,转入 del.aspx.cs 编辑页面,在其中输入如下代码:

```
using System;
public partial class del : System.Web.UI.Page
{
    protected void Page_Load(object sender, EventArgs e)
    {
        //判断是否正常登录
        if(Convert.ToInt16(Session["pass"]) != 1)
        {
            Response.Write("<script>alert('请先登录!')</script>");
            Response.Write("<script>locatin.assign('login.aspx')</script>");
        }
        else
        {
            string strSQL = "DELETE FROM lyb WHERE id=" +Convert.ToInt32(Request.QueryString["id"]);
        if(DbManager.ExecuteNonQuery(strSQL) > 0)
        {
            Response.Write("<script>alert('删除成功!')</script>");
            Response.Write("<script>location.assign('manager.aspx')</script>");
        }
    }
}
```

知识提炼

在本任务中,主要的技术要点就是使用 Request.QueryString["id"]接收管理页 manager.aspx 中使用?形式传递来的变量 id,使用这种方法接收变量时一定要注意两点:

(1)变量名一致:在接收页 Request.QueryString["id"]中的变量 id 一定要和传递变量的管理页(发送页)manager.aspx 中?后的变量 id 同名,只有这样才能正常正确匹配。这个变量的名字可以随便取,只要保证发送页和接收页中一致就可以了。

(2)类型转换:接收页使用 Request.QueryString["id"]接收到变量 id 后可能要进行类型转换,才能符合实际需要,因为在此任务中 Request.QueryString["id"]接收到的 id 默认是 string 类型,而留言表中 id 是整型,所以要对使用进行类型转换,否则会提示出错。

任务九　回复留言——Select 语句和 Update 语句综合应用

任务描述

建立一个回复网页，如图 6-17 所示。在此页中能够实现原始留言的显示，并能回复此留言。

知识目标

实现简单的留言回复，增强留言板的交互性。

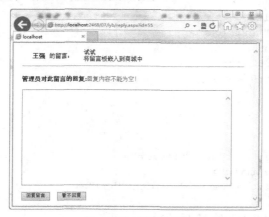

图 6-17　回复留言

技能目标

掌握 DataTable 对象和 DataRow 对象的使用方法。

任务实现

步骤一：设计回复留言的窗体页

新建窗体文件 reply.aspx，添加两个 Label 标签用于显示原来的留言，一个文本框和按钮用于回复留言，一个必须项验证控件，限制管理员回复的内容不得为空，效果如图 6-18 所示。

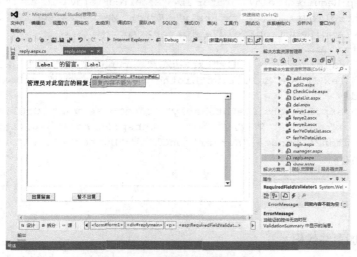

图 6-18　回复留言界面

reply.aspx 的源代码如下：

```aspx
<%@ Page Language="C#" AutoEventWireup="true" CodeFile="reply.aspx.cs"
Inherits="reply" %>

<!DOCTYPE html PUBLIC "-//W3C//DTD XHTML 1.0 Transitional//EN"
"http://www.w3.org/TR/xhtml1/DTD/xhtml1-transitional.dtd">

<html xmlns="http://www.w3.org/1999/xhtml">
<head runat="server">
    <title></title>
    <style type="text/css">
        #replymain{
            width:600px;
            margin:0 auto;
        }
    </style>
</head>
<body>
    <form id="form1" runat="server">
    <div id="replymain">
        <table align="center" width="550">
            <tr>
                <td width="25%">
                <asp:Label ID="lblUserName" runat="server" Style="font-
                weight: bold" Text="Label"></asp:Label> 的留言：
                </td>
                <td><asp:Label ID="lblContent" runat="server" Text="Label">
                </asp:Label> </td>
            </tr>
        </table>
        <hr />
        <p><b>管理员对此留言的回复:</b>
        <asp:RequiredFieldValidator ID= "RequiredFieldValidator1" runat="server"
        ControlToValidate="txtReply" ErrorMessage="回复内容不能为空！
        "></asp:RequiredFieldValidator></p>
        <div>
            <asp:TextBox ID="txtReply" runat="server" Height="264px"
            TextMode="MultiLine"Width="560px"></asp:TextBox>
        </div>
        <p><asp:Button ID="btnReply" runat="server" OnClick="btnReply_
        Click" Text=" 回复留言 " />   <asp:Button ID=
        "Button2" runat= "server" OnClick="Button2_Click" Text="暂不回复"
        /></p>
    </div>
    </form>
</body>
</html>
```

步骤二：添加事件代码

转到程序文件 reply.aspx.cs，在此页面的 Page_Load 事件中先显示原来的留言内容，然后在 Button1_Click 事件中添加回复留言的代码。具体代码如下：

```csharp
using System;
using System.Data;
public partial class reply : System.Web.UI.Page
{
    protected void Page_Load(object sender, EventArgs e)
    {
        if (Convert.ToInt16(Session["pass"]) != 1)//检查是否正常登录
        {
            Response.Write("<script>alert('请先登录！')</script>");
            Response.Write("<script>location.assign('login.aspx')</script>");
        }
        else
        {
            //先将原来的留言显示出来
            string strSQL = "select * from lyb where id=" + Convert.ToInt32(Request.QueryString["id"]);
            DataTable dt = DbManager.ExecuteQuery(strSQL);
            //查询结果是一个数据表，需要添加命名空间 System.Data
            lblUserName.Text = dt.Rows[0]["留言者"].ToString();
            lblContent.Text = dt.Rows[0]["正文"].ToString();
        }
    }
    protected void Button1_Click(object sender, EventArgs e)
    {
        //过滤特殊字符
        string strContent = Server.HtmlEncode(TextBox1.Text);
        strContent = strContent.Replace("\r\n", "<br>");
        strContent = strContent.Replace("'", "''");
        strContent = strContent.Replace(" ", " ");
        //执行回复功能，实际是修改留言的回复字段
        string strSQL = "UPDATE lyb SET 回复='" + strContent + "' WHERE id=" + Convert.ToInt32(Request.QueryString["id"]);
        if (DbManager.ExecuteNonQuery(strSQL) > 0)
            Response.Write("<script>location.assign('manager.aspx')</script>");
        else
            Response.Write("<script>alert('回复失败')</scipt>");
    }
    protected void Button2_Click(object sender, EventArgs e)
    {
        Response.Write("<script>location.assign('manager.aspx')</script>");
    }
}
```

在此回复处理上相当简单，只是在数据表中添加一个回复字段，如果管理员回复某个留言，就将此字段的值修改为指定的回复内容。如果想回复多次，可以通过单独设计一个回复表（ID，留言 ID，回复内容，回复人）的形式来完成。

知识提炼

本单元中以一个留言板为项目，介绍了数据库操作类结合前面的基础知识实现添加留言、分页显示留言、管理员登录、删除留言、回复留言等功能，其中还介绍了图像的存储、显示以及验证码的调用与比较，本项目对新手来讲，是一个较好的练习题目，如果读者能够理解并实现这个留言板，基本上就可以算是入门了，在此基础上可以实现一些常见的项目设计了。

思考与练习

（1）使用 Response.Write 输入自己定义的 SQL 语句，可以用来查看 SQL 语句的语法是否正确，尝试用这种方法检查本单元中的 SQL 语句是否合法，并总结一下如何快速调试程序代码。

（2）将头像改为表情，实现类似聊天室中表情的选择。

要求：用单选按钮显示图像，选择一个表情就可以添加到数据库中，显示留言时将表情一并显示出来。

（3）建立导航条自定义控件（见图 6-19）。创建一个网站导航栏用户控件，则可将若干超链接通过 HTML 表格进行布局。自定义控件和后续章节介绍的母版技术常常用来对网页布局，如将登录部分或导航菜单的内容做成一个自定义控件，将来哪里需要使用，就把它当成一个整体直接放置到页面中来使用即可，这将大大方便页面的整体布局。

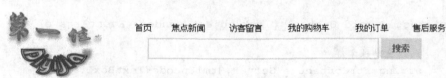

图 6-19　建立"导航条"自定义控件

单元 7

电子商铺新闻系统

知识目标
（1）商铺新闻系统的数据库设计；
（2）新闻的添加、删除与修改；
（3）网站首页新闻的显示；
（4）新闻的分页显示。

技能目标
（1）熟悉 GridView 控件的使用；
（2）学习数据源控件的使用方法；
（3）FormView 控件的使用方法。

本单元主要介绍 Visual Studio 提供的一些不用编写代码的快捷方式，设计完成一个相对完整的新闻系统项目。本单元的重点是新闻的添加、删除、显示与修改，需要克服的难点是新闻的分页显示，通过练习这些便捷方式可以实现一些较简单的功能，提高开发效率。

任务设计

项目主要功能是：在建立的商铺新闻系统中，实现首页最新 10 条新闻的显示和新闻的分页显示，同时实现商铺新闻系统的后台管理，管理员在后台可以添加、删除、查询和修改新闻。

任务分解

考虑到新闻系统一般是作为网站的一个子系统存在的，在此将新闻系统中的各文件存储在站点根文件夹的 news 子文件夹中。

项目设计流程如图 7-1 和图 7-2 所示。

图 7-1　普通用户访问流程

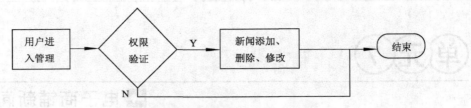

图 7-2 系统管理流程

该新闻发布系统的制作分解为如下 8 个任务。

任务一：商城新闻系统首页的设计。
任务二：单条新闻详细内容的显示。
任务三：更多新闻的分页实现。
任务四：新闻后台登录页的设计。
任务五：商城新闻系统后台管理页面。
任务六：商城新闻的删除。
任务七：商城新闻的添加。
任务八：商城新闻的修改。

任务一　商铺新闻系统首页的设计——GridView 控件

任务描述

如图 7-3 所示，在新闻系统首页显示最新的 10 条新闻。可以单击每条新闻查看详细情况，同时可以单击"更多新闻>>>"超链接，查看更多的新闻。

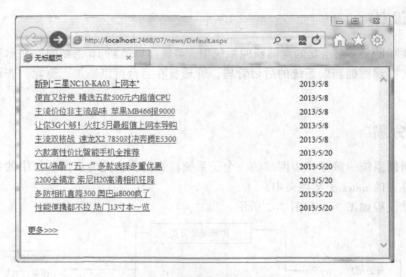

图 7-3　商铺新闻系统首页

知识目标

熟悉使用快捷的不编程方式访问数据库，熟悉 GridView 控件和数据源控件的使用方法。

技能目标

掌握数据源控件的设置方法。

任务实现

步骤一：新建新闻数据表

在商铺数据库 shop.mdb 中新建数据表 news，新闻系统数据表的设计比较简单，只有新闻编号 id、新闻标题 title、新闻正文 contents 和新闻添加时间 addtime，如图 7-4 所示。

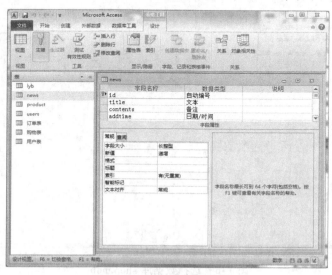

图 7-4 新建新闻数据表

步骤二：建立新闻首页

建立窗体文件 defautl.aspx，拖动一个数据显示控件 GridView 和一个 AccessDataSource 数据源控件（只有.NET4.0 及以下版本才支持这个控件）到 Default.aspx 窗体中，如图 7-5 所示。

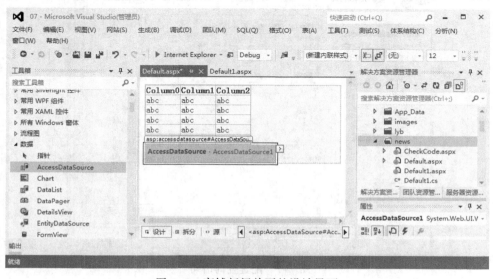

图 7-5 商铺新闻首页的设计界面

步骤三：配置数据源控件

（1）单击数据源控件 AccessDataSource1，在右侧会出现一个智能标记，单击智能标记，在弹出的菜单中选择"配置数据源…"，会弹出一个配置数据源控件的向导，第一个界面如图 7-6 所示，选择数据库 shop.mdb。

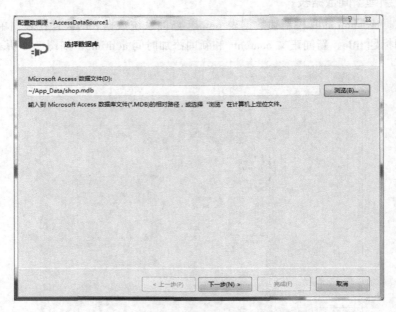

图 7-6　选择数据库 shop.mdb

（2）单击"下一步"按钮，在"配置 Select 语句"界面中选择数据表 news，选择要使用的字段 id、title、addtime，单击 ORDER BY 按钮，选择排序方式为 id 降序，如图 7-7 所示。

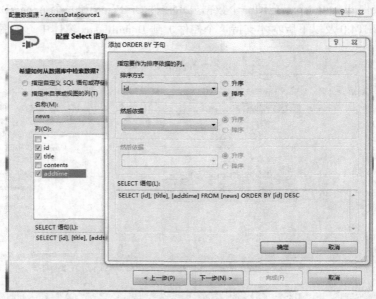

图 7-7　配置查询语句

（3）复制图 7-6 中对话框下部的 SELECT 语句，选择"指定自定义 SQL 语句或存储过程"，在出现对话框中粘贴到 SELECT 选择卡中的 SQL 语句中，并在 SELECT 后面添加 top 10，如图 7-8 所示。

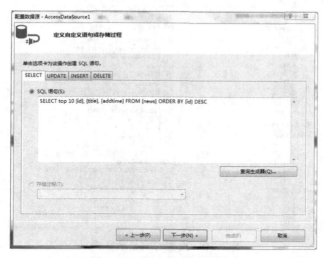

图 7-8　配置 SELECT 语句

步骤四：配置 GridView 显示控件

（1）配置好 AccesDataSource 后，在 GridView 中单击右侧的智能标记，在弹出的菜单中单击"选择数据源"菜单项，选择 AccessDataSource1，然后选择"编辑列"，弹出"字段"对话框，在选定的字段中删除 id 和 title 字段，添加一个 HyperLinkField，配置 HyperLinkField 的属性，如图 7-9 所示，DataTextField 表示要显示为链接接的字段，DataNavigateUrlFormatString 表示链接到哪个网页，传递的变量名称是什么，后面的{0}是一个占位符，表示参数的值，DataNavigateUrlFields 表示参数的值来自于数据表中的哪个字段，这样的配置结果是将表中每条记录的 title 字段显示为超链接，链接到 show.aspx 页，同时传递给 show.aspx 一个参数 id，id 的值来自于本条记录的 id 字段。

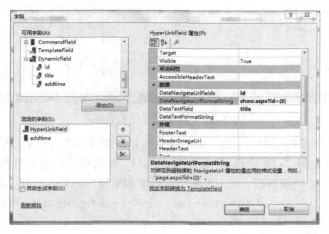

图 7-9　编辑 Gridview 控件的列

（2）配置 addtime 字段，将 DataFormatString 设置为{0: d}，这表示将时间的显示格式设置为只显示日期不显示时间，最后确定关闭对话框，如图 7-10 所示。

图 7-10　设置时间显示样式

（3）为去掉表头和表格线，右击 GridView 控件，选择属性，修改 showheader 为 False，GridLines 为 None，如图 7-11 所示。

图 7-11　隐藏表格线和表头

（4）如果希望控制新闻标题的长度，并且当鼠标指向新闻标题时显示完整的标题，如图 7-3 所示的效果，则需要在图 7-10 中选择 HyperLinkField，单击对话框右下角的"将此字段转换为 TemplateField"，并切换到源视图，加入控制显示长度和不换行的 CSS 代码，最终生成如下代码：

```
<%@ Page Language="C#" AutoEventWireup="true" CodeFile="Default.aspx.cs"
Inherits="news_Default" %>
<!DOCTYPE html>
<html xmlns="http://www.w3.org/1999/xhtml">
<head runat="server">
```

```
<meta http-equiv="Content-Type" content="text/html; charset=utf-8" />
<title></title>
<style type="text/css">
    #news {
        font-size: 14px;
        width: 600px;
        margin: 0 auto;
    }
    #news td {
        padding: 5px 0 5px 10px;
    }
    #shortstyle /*此段CSS控制标题显示长度为400像素,用省略号替代截除部分*/
    {
        width: 400px;                     /*标题长度400px*/
        white-space: nowrap;              /*标题不换行*/
        overflow: hidden;                 /*超出部分隐藏*/
        text-overflow: ellipsis;          /*以省略号替代截除部分*/
    }
</style>
</head>
<body>
    <form id="form1" runat="server">
    <div id="news">
        <asp:GridView ID="GridView1" runat="server" AutoGenerateColumns=
        "False" DataKeyNames="id" DataSourceID="AccessDataSource1" GridLines=
        "None" ShowHeader="False">
            <Columns>
        <asp:TemplateField>
        <ItemTemplate>
            <div id="shortstyle"><!--添加一个DIV,以方便应用CSS-->
            <asp:HyperLink ID="HyperLink1" runat="server" NavigateUrl=
            '<%# Eval("id", "show.aspx?id={0}") %>' Text='<%# Eval("title")
            %>'></asp:HyperLink>
            </div>
        </ItemTemplate>
        </asp:TemplateField>
                <asp:BoundField DataField="addtime" DataFormatString="{0:d}"
                HeaderText="addtime" SortExpression="addtime" />
            </Columns>
        </asp:GridView>
        <div>
        <p><a href="more.aspx">更多新闻&gt;&gt;&gt;</a></p>
        </div>
        <asp:AccessDataSource ID="AccessDataSource1" runat="server" DataFile=
        "~/App_Data/shop.mdb" SelectCommand="SELECT top 10 [id], [title],
        [addtime] FROM [news] ORDER BY [id] DESC"></asp:AccessDataSource>
    </div>
    </form>
</body>
</html>
```

知识提炼

在本任务中使用 DataSourceID 属性进行数据绑定，此选项使您能够将 GridView 控件绑定到数据源控件。建议使用此方法，因为它允许 GridView 控件利用数据源控件的功能并提供了内置的排序、分页和更新功能。当使用 DataSourceID 属性绑定到数据源时，GridView 控件支持双向数据绑定。除可以使该控件显示返回的数据之外，还可以使它自动支持对绑定数据的更新和删除操作。

1. 数据源控件

数据源控件可以用来从它们各自类型的数据源中检索数据，并且可以绑定到各种数据控件。数据源控件减少了为检索和绑定数据甚至对数据进行排序、分页或编辑而需要编写的自定义代码的数量。常用的数据源控件有：SqlDataSource、AccessDataSource、ObjectDataSource、XmlDataSource、EntityDataSource、SiteMapDataSource 和 LinqDataSource。这些数据源控件允许您使用不同类型的数据源，开发人员可以很方便地实现数据源控件连接到数据源，从中检索数据、修改数据，并将其他控件可以方便地绑定到数据源而无须编码，开发数据库相关应用程序的效率大大提高。

其中对于初学者来讲，主要关注的是 AccessDataSource 和 SqlDataSource。

AccessDataSource：允许您使用 MicrosoftAccess 数据库。当数据作为 DataSet 对象返回时，支持排序、筛选和分页。

SqlDataSource：允许您使用 Microsoft SQL Server、OLEDB、ODBC 或 Oracle 数据库。与 SQLServer 一起使用时支持高级缓存功能。当数据作为 DataSet 对象返回时，此控件还支持排序、筛选和分页。

数据源控件具有以下几个特征：
- 当数据库改变时，将数据源绑定到数据控件的方法不变。这大大增加了程序的弹性。
- 数据行添加选择和更新功能时，基本无须编码。
- 分页、排序、选择等功能只须设置数据源控件属性即可。

2. 显示控件 GridView 控件

常用的显示控件有 ListView、GridView、DataList、Repeater、FormView、DetailsView 以及一个相关的分页控件 DataPager，下面我们结合数据源控件使用这些显示控件将数据库中的数据显示出来。

GridView 控件用于显示表中的数据。通过使用 GridView 控件，您可以显示、编辑、删除、排序和查看多种不同的数据源中的数据。

可以使用 GridView 来完成以下操作：
- 通过数据源控件自动绑定和显示数据。
- 通过数据源控件对数据进行选择、排序、分页、编辑和删除。

另外，还可以通过以下方式自定义 GridView 控件的外观和行为：
- 指定自定义列和样式。
- 利用模板创建自定义用户界面(UI)元素。
- 通过处理事件将自己的代码添加到 GridView 控件的功能中。

把数据检索出来呈现给用户，可将数据连接到可以显示和编辑数据的控件，这就是数据绑定，显示数据的控件就是数据绑定控件。

任务二　单条新闻详细内容的显示——FormView 控件

任务描述

当单击首页中的新闻标题时，会链接到一个网页 show.aspx，同时根据传递过来的新闻 id 号，显示该编号对应新闻的详细内容，如图 7-12 所示。

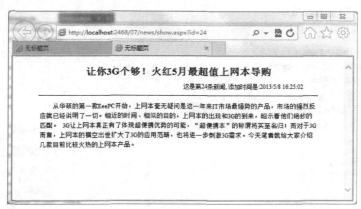

图 7-12　新闻详细内容的显示

知识目标

掌握 FormView 控件的使用方法。

技能目标

掌握 FormView 控件模板设计方法。

任务实现

步骤一：窗体文件的建立

（1）新建 show.aspx，拖动 FormView 和 AccessDataSource 控件到窗体中，配置数据源为 App_Data/shop.mdb，如图 7-13 所示。

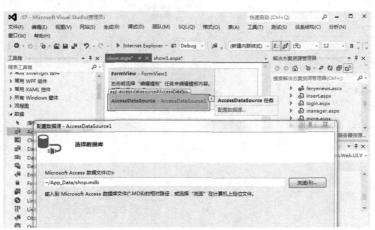

图 7-13　配置数据源一

（2）在配置 Select 语句界面中，选择 news 表中所有字段，如图 7-14 所示，单击"WHERE（W）…"按钮，在弹出的对话框中设置图 7-15 所示的效果。图 7-15 中表示将在本页中使用 Request.QueryString 接收以"？"形式传递过来的参数 id，从新闻数据表中的 id 字段寻找为此值的新闻记录。最后单击"完成"按钮结束向导。

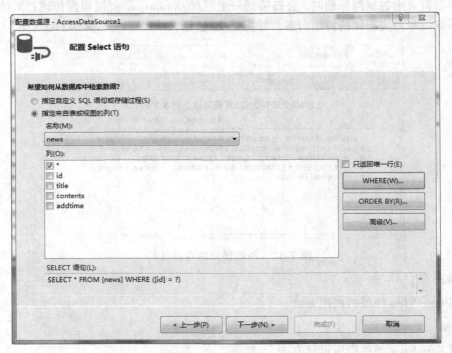

图 7-14　配置数据源二

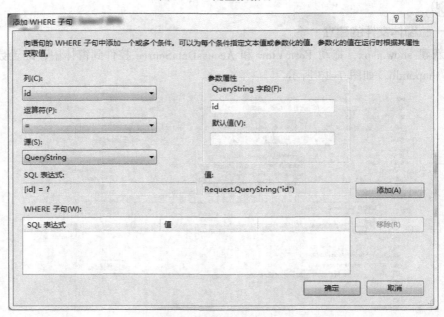

图 7-15　配置数据源三

步骤二：配置 FormView 的数据源

在窗体页面中选择 FormView 的数据源 AccessDataSource1，如图 7-16 所示。

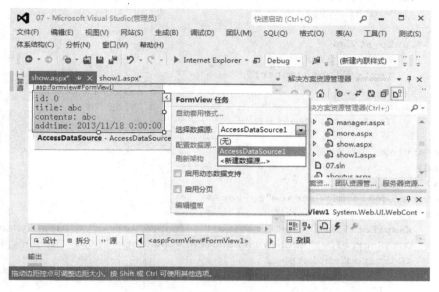

图 7-16 配置 FormView 控件

选择编辑模板，添加一个三行一列的表格，将现有几个标签按图 7-17 所示的形式放置到表格中，设置字体大小和对齐方式，同时删除不需要的文字，最后结束编辑模板。

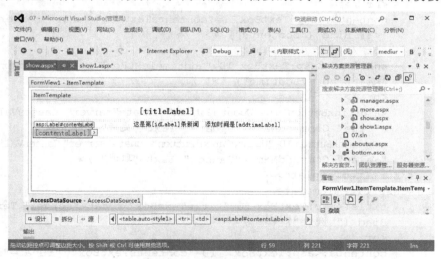

图 7-17 编辑 FormView 模板

最终生成 show.aspx 的源代码如下：

```
<%@ Page Language="C#" AutoEventWireup="true" CodeFile="show.aspx.cs"
Inherits="news_show" %>
<!DOCTYPE html>
<html xmlns="http://www.w3.org/1999/xhtml">
<head runat="server">
<meta http-equiv="Content-Type" content="text/html; charset=utf-8"/>
```

```
        <title></title>
        <style type="text/css">
            .auto-style1 {
                width: 100%;
            }
            .auto-style2 {
                height: 37px;
                text-align: center;
            }
            .auto-style3 {
                font-size: small;
            }
        </style>
    </head>
    <body>
        <form id="form1" runat="server">
        <div>
            <asp:FormView  ID="FormView1"  runat="server"  DataKeyNames="id"
            DataSourceID= "AccessDataSource1" Height="250px" Width="469px">
            <EditItemTemplate>
                id: <asp:Label ID="idLabel1" runat="server" Text='<%# Eval
                ("id") %>' />
                <br />
                title:<asp:TextBox ID="titleTextBox" runat="server" Text='<%#
                Bind ("title") %>' />
                <br />
                contents:<asp:TextBox ID="contentsTextBox" runat="server" Text=
                '<%# Bind ("contents") %>' />
                <br />
                addtime: <asp:TextBox ID="addtimeTextBox" runat="server" Text=
                '<%# Bind ("addtime") %>' />
                <br />
                <asp:LinkButton ID="UpdateButton" runat="server" CausesValidation
                ="True" CommandName="Update" Text="更新" /> 
                <asp:LinkButton ID="UpdateCancelButton" runat="server" CausesValidation=
                "False" CommandName="Cancel" Text="取消" />
            </EditItemTemplate>
            <InsertItemTemplate>
                title:<asp:TextBox ID="titleTextBox" runat="server" Text='<%#
                Bind ("title") %>' />
                <br />
                contents:<asp:TextBox  ID="contentsTextBox"  runat="server"
                Text='<%# Bind ("contents") %>' />
                <br />
                addtime:<asp:TextBox ID="addtimeTextBox" runat="server" Text=
                '<%# Bind ("addtime") %>' />
                <br />
                <asp:LinkButton ID="InsertButton" runat="server" CausesValidation
                ="True" CommandName="Insert" Text="插入" /> 
                <asp:LinkButton ID="InsertCancelButton" runat="server" CausesValidation=
```

```
                    "False" CommandName="Cancel" Text="取消" />
            </InsertItemTemplate>
            <ItemTemplate>
                <table class="auto-style1">
                    <tr>
                        <td class="auto-style2"><asp:Label ID="titleLabel" runat=
"server" Text=' <%# Bind("title") %>' style="font-size:
large; font-weight: 700" /></td>
                    </tr>
                    <tr>
                        <td style="text-align: right"><span class="auto-style3">
这是第</span><asp:Label ID="idLabel" runat="server"
Text='<%# Eval("id") %>' CssClass="auto-style3" />
<span class="auto-style3">条新闻 添加时间是</span>
<asp:Label ID="addtimeLabel" runat="server" Text='<%#
Bind("addtime") %>' CssClass="auto-style3" /><span
class="auto-style3">    </span><hr /></td>
                    </tr>
                    <tr>
                        <td><asp:Label ID="contentsLabel" runat="server" Text=
'<%# Bind("contents") %>' style="font-size: medium" />
</td>
                    </tr>
                </table>
            </ItemTemplate>
        </asp:FormView>
        <asp:AccessDataSource ID="AccessDataSource1" runat="server" DataFile
="~/ App_Data/shop.mdb" SelectCommand="SELECT * FROM [news] WHERE
([id] = ?)">
            <SelectParameters>
                <asp:QueryStringParameter Name="id" QueryStringField="id"
Type="Int32" />
            </SelectParameters>
        </asp:AccessDataSource>
    </div>
    </form>
</body>
</html>
```

知识提炼

（1）运行首页 default.aspx，单击其中任意一条新闻即可查看到对应的详细内容，注意不要直接运行 show.aspx，因为只有指定 id 编号，才能显示该编号新闻的详细内容。

（2）FormView 控件

在显示单个数据记录时一般使用 FormView 控件和 DetailsView 控件，两者都可以用于显示详细数据，并且每次只显示一条记录，都具备数据显示、编辑、添加和分页功能，两者的关键区别在于：FormView 利用用户定义的模板；而 DetailsView 则使用行字段。FormView 控件能够自动创建 HTML 表格结构代码，并显示相关的数据字段名称和数据值，在创建表格显示数据时，开发人员可以自定义 ItemTemplate、PagerTemplate 等模板，自定义显示的各个字段，开发人员有很大的发挥空间，可以更加灵活地控制数据显示，比 DetailsView 具有更好的数据外观，在本任务中就使用了 FormView 控件显示单条新闻。

使用 FormView 控件可以非常灵活地设置模板，允许开发人员在以比较自由的方式进行数据绑定与排版，但在设置数据绑定时注意是否使用双向绑定，一般仅作为显示时不用双向绑定，在进行编辑、修改时则需要双向绑定，以实现对相应数据库的修改。

FormView 主要设置了 7 个模板，各自功能如下：
- ItemTemplate：显示记录时的模板，这主要用于控制显示记录时的用户界面，是一个十分常用的模板。
- EditItemTemplate：编辑修改记录时的模板.。
- InsertTemplate：插入模板，用于对数据进行 Insert 操作。
- HeaderTemplate：用于控制 FormView 控件头如何显示。
- FooterTemplate：用于控制 FormView 控件最下部的结尾内容如何显示。
- EmptyDataTemplate：当 FormView 的数据源中缺少记录的时候，EmptyDataTemplate 将会代替 ItemTemplate 来生成控件界面。
- PagerTemplate：如果 FormView 启用了分页的话，这个模板可以用于自定义分页的界面。

本例中不需要编辑和插入功能，因此可以在源视图中将 EditItemTemplate 和 InsertTemplate 部分代码删除。

FromView 控件和 DetailsView 控件中的属性 DefaultMode 中可以设置网页打开时的模式，并在取消、更新、插入后恢复到 DefaultMode 中设置的模式。

任务三　更多新闻的分页实现——GridView 控件和分页技术综合应用

在 GridView 控件中可以设置很多属性，如指定 GridView 控件的行的布局、颜色、字体和对齐方式，也可以指定行中包含的文本和数据的显示，指定将数据行显示为项目、交替项、选择的项还是编辑模式项。GridView 控件还允许指定列的格式，在本任务中继续配置 GridView 控件。

任务描述

使用 GridView 控件实现分页显示所有新闻，并设置分页显示的样式，如图 7-18 所示。

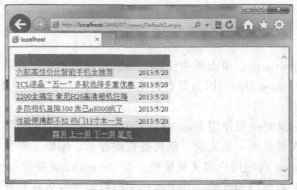

图 7-18　分页显示更多的新闻

知识目标

熟悉 GridView 的配置方法。

技能目标

掌握 GridView 控件的设计方法。

任务实现

步骤一：配置数据源 AccessDataSource

拖动一个 GridView 和一个 AccessDataSource 控件，使用向导配置 AccessDataSource，选择 news 表中的 id、title、addtime 三个字段，并按 id 字段降序排列，如图 7-19 所示。

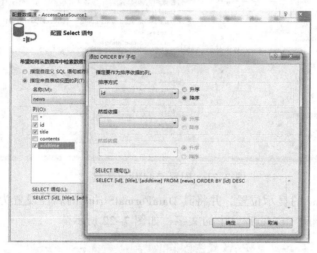

图 7-19 配置数据源

步骤二：配置 GridView 控件

（1）在 GridView 控件中选择数据源 AccessDataSource1，启用分页，并选择"编辑列"，如图 7-20 所示。

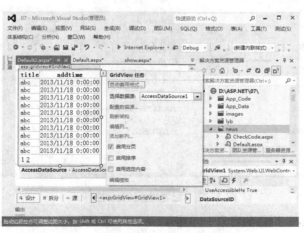

图 7-20 配置 GridView 控件

（2）在弹出的对话框中删除 title 字段，添加一个 HyperLinkField 字段，设置 HyperLinkField 属性中"数据"类的属性如图 7-21 所示，将标题显示为超链接，链接到 show.aspx 并传递一个变量 id，其值为该新闻的编号，设置 Target 为_blank，这样将在新窗口打开链接的网页。

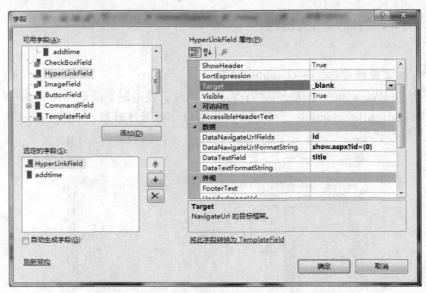

图 7-21　配置 GridView 控件二

（3）调整 addtime 的显示位置，并将其 DataFormatString 的属性设置为{0:d}，这样只显示日期不显示时间，删除 HeaderText 中的文字，如图 7-22 所示。

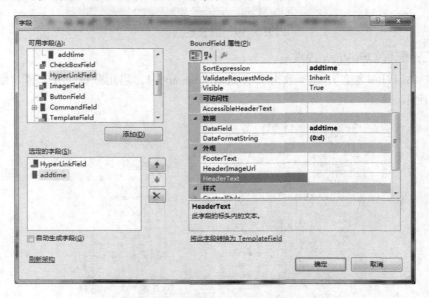

图 7-22　配置 GridView 控件三

（4）配置 GridView 控件的色彩，单击 GridView 智能标记，选择"自动套用格式"，在弹出的对话框中选择自己喜欢的样式。

（5）右击 GridView，展开属性面板中 PagerSettings，选择 Mode 为 NextPreviousFirstLast，同时修改 FirstPageText、LastPageText、NextPageText 和 PreviousPageText 为图 7-23 所示的样式，就可将页码由数据形式转换为首页、上一页、下一页、尾页的形式，最后指定 PageSize 为 8，即每页显示 8 条记录。

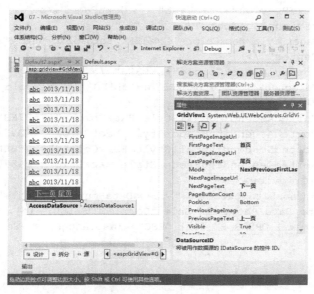

图 7-23　配置 GridView 四

最终生成的 more.aspx 源代码如下：

```
<%@ Page Language="C#" AutoEventWireup="true" CodeFile="Default2.aspx.cs" Inherits="news_Default2" %>
<!DOCTYPE html>
<html xmlns="http://www.w3.org/1999/xhtml">
<head runat="server">
<meta http-equiv="Content-Type" content="text/html; charset=utf-8"/>
    <title></title>
</head>
<body>
    <form id="form1" runat="server">
    <div>
        <asp:GridView ID="GridView1" runat="server" AllowPaging="True" 
           Auto    GenerateColumns="False"    CellPadding="4"    DataSourceID=
        "AccessDataSource1" ForeColor="#333333" GridLines="None" PageSize= "5">
            <AlternatingRowStyle BackColor="White" />
            <Columns>
                <asp:HyperLinkField    DataNavigateUrlFields="id"    Data-
                NavigateUrlFormatString= "show.aspx?id={0}" DataTextField=
                "title" Target="_blank" />
                <asp:BoundField DataField="addtime" DataFormatString="{0:d}" 
                SortExpression= "addtime" />
            </Columns>
            <EditRowStyle BackColor="#2461BF" />
```

```
                <FooterStyle BackColor="#507CD1" Font-Bold="True" ForeColor=
                "White" />
                <HeaderStyle BackColor="#507CD1" Font-Bold="True" ForeColor=
                "White" />
                <PagerSettings FirstPageText="首页" LastPageText="尾页" Mode=
                "NextPreviousFirstLast"    NextPageText="  下  一  页  "
                PreviousPageText="上一页" />
                <PagerStyle BackColor="#2461BF" ForeColor="White" HorizontalAlign=
                "Center" />
                <RowStyle BackColor="#EFF3FB" />
                <SelectedRowStyle BackColor="#D1DDF1" Font-Bold="True" ForeColor
                ="# 333333" />
                <SortedAscendingCellStyle BackColor="#F5F7FB" />
                <SortedAscendingHeaderStyle BackColor="#6D95E1" />
                <SortedDescendingCellStyle BackColor="#E9EBEF" />
                <SortedDescendingHeaderStyle BackColor="#4870BE" />
            </asp:GridView>
            <asp:AccessDataSource ID="AccessDataSource1" runat="server" DataFile
            = "~/App_Data/shop.mdb" SelectCommand="SELECT [id], [title], [addtime]
            FROM [news] ORDER BY [id] DESC"></asp:AccessDataSource>
        </div>
        </form>
</body>
</html>
```

知识提炼

GridView 控件的"编辑列"内包含的选项比较多，可以实现比较强的功能，在"编辑列"中可以配置显示数据字段的列名、数据格式、显示形式等。

GridView 比较重要的 BoundField 属性有：

（1）BoundField 字段：默认的数据绑定列类型，主要用于显示普通文本，从可用字段的"BoundField"选择出来添加到对话框左下角的"选定的字段"中，"选定的字段"就是选定数据表中的一些字段显示在 GridView 中，我们可以利用这个功能增加或删除要显示在 GridView 控件中的字段，进而可以再设置这些字段的属性。

（2）CheckBoxField 字段：使用复选框控件显示布尔类型数据。通常绑定数据表中布尔类型的字段，它一般设置三个属性：DataField 表示绑定数据表中的哪个字段，HeadText 表示该字段在 GridView 表头中的列名是什么，Text 用于设置复选框选项文字，即在复选框旁边显示什么说明性文字。

（3）CommandField 字段：为 GridView 控件提供创建命令按钮列的功能，在外观上可以用普通按钮、超链接或图片等形式表示出来。这些命令按钮能够实现数据选择、编辑、删除和取消等功能。在行为上可以设置是否显示相关的命令按钮。

（4）ImageField 字段：可以在 GridView 控件中的对应列上显示图片，一般是绑定图片路径，主要通过设置 DataImageUrlField 来绑定数据表中图片路径所在的数据列，并且通过属性 DataImageUrlFormatString 对数据列中的值进行格式设置。

（5）HyperLinkField 字段：允许将所绑定的数据以超链接形式显示出来，实现类似新闻列表中的超链接效果，利用它可以实现自定义绑定超链接，主要属性如下：
- DataTextField：用于设置绑定数据列名称，其数据显示为超链接文字。
- DataTextFieldFormatString：对显示的文字进行统一的格式化处理。
- DataNavigateUrlFields：用于设置绑定的数据列名称，其数据将作为超链接的 URL 地址。
- DataNavigateUrlFormatString：对 URL 地址数据进行统一格式化。
- Target 用于设置链接窗口撕开的方式，其值为_blank，_parent，_search，_self 和_top 等，这与 HTML 中超链接的 Target 属性类似。

（6）ButtonField 字段:与 CommandField 类似，两者都可以为 GridView 控件创建命令按钮列，但 CommandField 定义的按钮列主要用于选择、添加、删除，并与数据源控件中的数据操作设置有着密切的关系，而 ButtonField 所定义的命令按钮比较自由，与数据源控件没有直接关系，通常可以进行自定义实现相应的操作，常用属性如下：
- CommandName：用于设置命令名称，在实现自定义命令的过程时可以使用它来识别是否是由该命令按钮引起的事件处理程序。
- ButtonType：用于设置命令按钮的显示类型，即是否是 Button、Link、Image。
- Text：用于设置显示在命令按钮上的文字内容。
- TemplateField 字段：允许自定义数据绑定列，如果将 GridView 中按行显示的记录变成多个字段显示到一个单元格内，则可以用 TemplateField 重新对字段布局。这是一个比较有用的功能，可以使用它结合"编辑模板"功能来实现自定义 GridView。

任务四　新闻后台登录页的设计——Select 语句和验证码技术应用

任务描述

设计新闻后台管理的登录页，在登录时添加一个验证码，只有管理员才能登录商铺新闻系统的后台管理页面，实现新闻的增加、删除与修改，如图 7-24 所示。

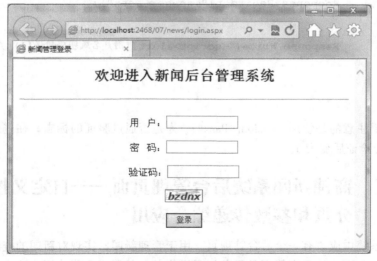

图 7-24　管理员登录界面

⊙知识目标⊙

巩固登录页和验证码知识。

⊙技能目标⊙

掌握 Response 对象的 Redirect 方法。

⊙任务实现⊙

（1）在数据表 users 中添加一条记录，username 对应的密码暂时都为 admin。

（2）拖动两文本框和一个按钮，其中密码文本框的 TextMode 属性设置为 Password，以实现输入密码时表现为星号形式。

（3）打开对应的 login.aspx.cs，输入如下代码：

```
using System;
using System.Data;

public partial class login : System.Web.UI.Page
{
    protected void Page_Load(object sender, EventArgs e)
    {
        Session["pass"] = 0;
    }
    protected void Button1_Click(object sender, EventArgs e)
    {
        if(txtCode.Text != Request.Cookies["CheckCode"].Value.ToString())
            Response.Write("<script>alert('验证码错误!')</script>");
        else
        {
            string strSQL = "SELECT * FROM [users] WHERE  userName='" + txtUserName.Text + "' AND pwd='" + txtPassword.Text + "'";
            DataTable dt = DbManager.ExecuteQuery(strSQL);
            if(dt.Rows.Count > 0)
            {
                Session["pass"] = 1;
                Response.Redirect("manager.aspx");
            }
            else
                Response.Write("<script>alert('用户名或密码错误!')</script>");}
    }
}
```

⊙知识提炼⊙

在代码中要注意的是使用 Session["Pass"]做为是否通过验证的标志，在登录页面加载时设置为 0，身份验证后变为 1。

任务五　商铺新闻系统后台管理页面——自定义控件、分页和参数传递综合应用

商铺新闻系统中应该有一个后台管理页，用于管理新闻，实现对新闻的查看、添加、删除和修改，这个页面应该只有管理员具备权限操作，一般用户不能使用。这个页面的设计方

法是在分页显示的基础上增加了"添加新闻""删除新闻"和"修改新闻"等功能。

任务描述

设计新闻后台管理页面，如图 7-25 所示，管理员可以对当前的新闻分页查看，并可以删除、修改、插入新的新闻。

图 7-25　新闻后台管理页

知识目标

巩固管理页的设计方法，掌握超链接方式传递参数。

技能目标

掌握用户自定义控件的设计和使用方法。

任务实现

步骤一：先设计具有分页功能的 Web 用户控件

新建一个 Web 用户控件 fenye.ascx，拖动一个 Repeater 控件，一个 Label 标签，四个用于翻页的 LinkButton，一个文本框，三个按钮。在 Repeater 的 ItemTemplate 模板中添加新闻标题、编辑和删除三个链接，都实现单击时链接到另一个页面，并将 ID 传递到相应页面。设计界面如图 7-26 所示。

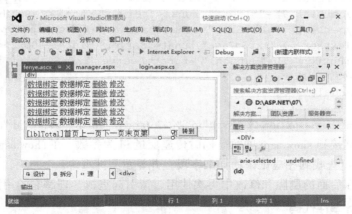

图 7-26　Web 用户控件的设计界面

Fenye.ascx 的源代码如下：

```
<%@ Control Language="C#" AutoEventWireup="true" CodeFile="fenye.ascx.cs"
Inherits="fenye" %>
<div>
    <asp:Repeater ID="Repeater1" runat="server">
    <HeaderTemplate>
        <table>
    </HeaderTemplate>
    <ItemTemplate>
        <tr>
            <td align="left">
                <a href="show.aspx?id=<%#Eval("id")%>" target="_blank">
                <%#Eval("title")%></a>
            </td>
            <td>
                <%#Eval("addtime")%>
            </td>
            <td>
                <a href="del.aspx?id=<%#Eval("id")%>" target="_blank">
                删除</a>
            </td>
            <td>
                <a href="edit.aspx?id=<%#Eval("id")%>" target="_blank">
                修改</a>
            </td>
        </tr>
    </ItemTemplate>
    <FooterTemplate>
        </table>
    </FooterTemplate>
    </asp:Repeater>
    <asp:Panel ID="Panel1" runat="server">
    <asp:Label ID="lblTotal" runat="server" Text=""></asp:Label>
    <asp:HyperLink ID="hlFirst" runat="server">首页</asp:HyperLink>
    <asp:HyperLink ID="hlPre" runat="server">上一页</asp:HyperLink>
    <asp:HyperLink ID="hlNext" runat="server">下一页</asp:HyperLink>
    <asp:HyperLink ID="hlLast" runat="server">末页</asp:HyperLink>
    第<asp:TextBox ID="txtGoPage" runat="server" Width="40px"></asp:TextBox>
    页 <asp:Button ID="Button1" runat="server" OnClick="Button1_Click"
    Text="转到" />
    </asp:Panel>
</div>
```

语句<a href="show.aspx?id=<%#Eval("id")%>" target="_blank">%#Eval("title")%</a>的作用是将新闻标题链接到 show.aspx 页面，同时传递变量 id 为参数，在 show.aspx 中可以接收这个 id 参数并按其值查找到相应记录的详细字段，并显示到网页中。

这样的代码在后面的删除和修改中再次使用，请引起重视，理解它的用法。

步骤二：设计事件代码

编写相应的程序文件 fenye.aspx.cs，其具体代码如下：

```
using System;
```

```csharp
public partial class fenye : System.Web.UI.UserControl
{
    protected void Page_Load(object sender, EventArgs e)
    {
        int iPageSize = 10;                          //每页几条
        string strTableName = "news";                //要显示的数据表
        string strKey = "ID";                        //说明数据表的关键字段
        string strORDER = "DESC";                    //按关键字段升序 asc,降序 DESC 排列
        //要显示的字段,用"*"表示或用英文逗号分隔开如"产品名称,单价,单位数量"
        string strFields = "*";
        int iCurPage;
        int iMaxPage = 1;
        string sql = "";
        string sqlstr = "SELECT count(*) FROM " + strTableName;
        if(Request.QueryString["page"] != "")
            iCurPage = Convert.ToInt32(Request.QueryString["page"]);
        else
            iCurPage = 1;
        int intTotalRec = Convert.ToInt32(DbManager.ExecuteScalar(sqlstr));
//求总记录数
        if(intTotalRec % iPageSize == 0)
            iMaxPage = intTotalRec / iPageSize;//求总页数
        else
            iMaxPage = intTotalRec / iPageSize + 1;
        if(iMaxPage == 0)  iMaxPage = 1;
        if(iCurPage < 1)   iCurPage = 1;
        else if(iCurPage > iMaxPage)  iCurPage = iMaxPage;
        if(intTotalRec != 0)
        {
            if(iCurPage == 1)
                sql = "SELECT top " + iPageSize + " " + strFields + " FROM
                " +strTableName + " ORDER BY  " + strKey + " " + strOrder;
            else
                sql = "SELECT top " + iPageSize + " " + strFields + " FROM
                " + strTableName + "  WHERE   " + strKey + "  not in(SELECT
                top " + (iCurPage - 1) * iPageSize + " " + strKey + "  FROM
                " + strTableName + " ORDER BY  " + strKey + " " + strORDER
                + " ) ORDER BY " + strKey + " " + strOrder;
        }
        //显示控件名称要根据实际使用控件名修改
        Repeater1.DataSource = DbManager.ExecuteQuery(sql);
        Repeater1.DataBind();
        lblTotal.Text = "共有" + intTotalRec.ToString() + "条记录当前是第" + iCurPage.ToString() + "/" + iMaxPage.ToString() + "页 ";
        if(iCurPage != 1)
        {
            hlFirst.NavigateUrl = Request.FilePath + "?page=1";
            hlPre.NavigateUrl = Request.FilePath + "?page=" + (iCurPage - 1);
        }
        if(iCurPage != iMaxPage)
```

```csharp
            {
                hlNext.NavigateUrl = Request.FilePath + "?page=" + (iCurPage + 1);
                hlLast.NavigateUrl = Request.FilePath + "?page=" + iMaxPage;
            }
        if(intTotalRec <= iPageSize)
            Panel1.Visible = false;
        else
            Panel1.Visible = true;
    }
    protected void Button1_Click(object sender, EventArgs e)
    {
        int iCurPage = 1;
        if(txtGoPage.Text != "")
            iCurPage = Convert.ToInt32(txtGoPage.Text);
        Response.Redirect(Request.FilePath + "?page=" + iCurPage);
    }
}
```

这个控件在前面的任务中也进行了介绍，可以直接拖动过来修改开始几行的内容，即数据表名称、关键字段名称，指定升序、还是降序就可以使用了，避免了重新编写的麻烦，可以大大提高工作效率。

步骤三：应用分页控件到窗体文件

新建窗体文件 manager.aspx,将 fenye.ascx 拖动到其中，上面添加"新闻系统后台管理系统"和一个水平线，在下面添加两个按钮，一个的 Text 属性改为"添加新闻"，另一个改为"安全退出"，单击两个按钮，分别转入相应的事件处理程序，最终生成 manager.aspx.cs 的代码如下：

```csharp
using System;
public partial class manager : System.Web.UI.Page
{
    protected void Page_Load(object sender, EventArgs e)
    {
        //检查是否登录
        if(Convert.ToInt32(Session["pass"]) == 0)
            Response.Redirect("login.aspx");
    }
    protected void Button2_Click(object sender, EventArgs e)
    {
        //转到添加新闻页面
        Response.Redirect("INSERT.aspx");
    }
    protected void Button3_Click(object sender, EventArgs e)
    {
        //清除 Session,转到登录页
        Session["pass"] = null;
        Session.Abandon();
        Response.Redirect("login.aspx");
    }
}
```

〈知识提炼〉

在本任务中关键是要掌握超链接传递参数的方法，其中参数和超链接内容都是使用<%#Eval("字段名")%>的形式。在此要格外注意写法。

另外安全退出的写法也要注意，使用此方法可以清除Session会话变量，最好是关闭此窗口，防止退出后再进入到管页。

任务六　商铺新闻的删除——Delete语句和接收参数

〈任务描述〉

当单击新闻管理页mananger.aspx中的"删除"链接时，将删除对应这条新闻的所有信息。

〈知识目标〉

巩固删除技术，熟悉数据绑定和超链接传递参数的方法。

〈技能目标〉

掌握Delete语句的基本语法。

〈任务实现〉

删除新闻的功能相对较简单，新建建窗体文件del.aspx，双击后切换到del.aspx.cs，在文件中加入删除功能的相关代码即可。程序文件del.aspx.cs的代码如下：

```
using System;
public partial class del : System.Web.UI.Page
{
    protected void Page_Load(object sender, EventArgs e)
    {//检查是否登录
        if(Convert.ToInt32(Session["pass"])==0)
            Response.Redirect("login.aspx");
        string strSQL="DELETE FROM news WHERE id=" + Request.QueryString["id"];
        if(DbManager.ExecuteNonQuery(strSQL) > 0)
        {
            Response.Write("<script>alert('删除成功')</script>");
            Response.Write("<script>location.assign('manager.aspx')</script>");
        }
    }
}
```

〈知识提炼〉

在本任务中删除新闻和第5章中删除留言的实现方法基本一样，都是先通过接收管理页传递来的URL变量ID，再根据ID号构造Delete语句，最后使用DbManager.ExecuteNonQuery()方法真正删除数据表中的记录。

要注意URL方式传递变量可能会导致SQL注入问题（如在?后使用单引号或其他注入表达式），如果是在安全性较高的系统中使用，需要在接收ID时可以使用下面的方法加以处理。

```
/// <summary>
/// 特殊字符串替换
```

```
        /// </summary>
    public static string repString(string str)
    {
        if(str == null)
            str = "";
        str = str.Replace(";", "");
        str = str.Replace("%20", "");
        str = str.Replace("%", "");
        str = str.Replace(" ", "");
        str = str.Replace("*", "");
        str = str.Replace("?", "");
        str = str.Replace("#", "");
        str = str.Replace("@", "");
        str = str.Replace("^", "");
        str = str.Replace("&", "");
        str = str.Replace("+", "");
        str = str.Replace("-", "");
        str = str.Replace("(", "");
        str = str.Replace(")", "");
        str = str.Replace("{", "");
        str = str.Replace("}", "");
        str = str.Replace("[", "");
        str = str.Replace("]", "");
        str = str.Replace("!", "");
        str = str.Replace("`", "");
        str = str.Replace("~", "");
        str = str.Replace("<", "");
        str = str.Replace(">", "");
        str = str.Replace("'", "");
        str = str.Replace("\"", "");
        str = str.Replace("\\", "");
        str = str.Replace("|", "");
        str = str.Replace("==", "");
        str = str.Replace("=", "");
        str = str.Replace(",", "");
        str = str.Replace(" or", "");
        str = str.Replace("or ", "");
        str = str.Replace(" and", "");
        str = str.Replace("and ", "");
        str = str.Replace(" not", "");
        str = str.Replace("not ", "");
        return str;
    }
```

任务七 商铺新闻的添加——Insert 语句和 Replace 方法应用

任务描述

如图 7-27 所示,在文本框中输入新闻标题和新闻正文内容,单击添加时即可完成新闻的添加。

知识目标

巩固数据插入技术,熟悉字符过滤技术。

技能目标

掌握 TextBox 控件的 TextMode 属性使用方法。

任务实现

步骤一：设计窗体文件界面

新建网页 INSERT.aspx，设计图 7-27 所示的界面，文本框分别名为 txtTitle 和 txtContent，txtContent 的 TextMode 属性设置为 MutiLine，适当调整大小。

图 7-27　添加新闻界面

步骤二：添加事件代码

双击"添加新闻"按钮，切换到 INSERT.aspx.cs，添加相关插入新闻代码。

```
using System;
public partial class INSERT : System.Web.UI.Page
{
    protected void Page_Load(object sender, EventArgs e)
    {
        if(Convert.ToInt32(Session["pass"]) == 0)
            Response.Redirect("login.aspx");
    }
    protected void Button1_Click(object sender, EventArgs e)
    {
        //替换正文中可能出现的特殊字符
        string strContent = Server.HtmlEncode(txtContent.Text);
        strContent = strContent.Replace("\r\n", "<br>");
        strContent = strContent.Replace("'", "''");
        strContent = strContent.Replace(" ", " ");
        //替换标题中可能出现的特殊字符
        string strTitle = Server.HtmlEncode(txtTitle.Text);
        strTitle = strTitle.Replace("\r\n", "<br>");
        strTitle = strTitle.Replace("'", "''");
        strTitle = strTitle.Replace(" ", " ");
        string strSQL = "INSERT INTO news(title,contents,AddTime) VALUES ('"
            + strTitle + "','" + strContent + "','" + DateTime.Now.Date + "')";
        if(DbManager.ExecuteNonQuery(strSQL) > 0)
```

```
            {
                Response.Write("<script>alert('插入成功')</script>");
                Response.Write("<script>location.assign('manager.aspx')</script>");
            }
            else
                Response.Write("<script>alert('插入失败')</sciptt>");
        }
    }
```

知识提炼

字符串过滤是一项十分重要的技术，主要是使用字符串替换的方法，将常见的危险字符过滤去，同时并可以实现对特殊字符进行处理，实现对换行、空格、HTML 标记的处理，提高了程序的可靠性。对特殊字符串的替换一般在不同情况下处理的方法有些不太一样，一般主要有下面这几种情况，可根据需要进行选择适当的方法完成替换：

（1）URL 字符清除：具体参考上一个任务的相关知识。

（2）若要删除 HTML 格式字符可以使用下面的方法进行处理：

```
/// <summary>
///删除 html 格式，替换 html 特殊字符
/// </summary>
/// <param name="strContent"></param>
/// <returns></returns>
public static string repHtml(string strContent)
{
    strContent = strContent.Replace("&", "&amp");
    strContent = strContent.Replace("'", "''");
    strContent = strContent.Replace("<", "&lt");
    strContent = strContent.Replace(">", "&gt");
    strContent = strContent.Replace("chr(60)", "&lt");
    strContent = strContent.Replace("chr(37)", "&gt");
    strContent = strContent.Replace("\"", "&quot");
    strContent = strContent.Replace(";", ";");
    strContent = strContent.Replace("\r\n", "<br />");
    strContent = strContent.Replace(" ", " ");
    return strContent;
}
```

在添加新闻时可以使用本方法进行替换。

任务八　商铺新闻的修改——Update 语句和 Replace 方法应用

任务描述

如图 7-28 所示，当在管理页中单击"修改"按钮时，将跳转到 edit.aspx 页面，在文本框中显示该新闻的原内容，进行修改后，单击"修改完成"按钮即可完成修改，单击"恢复原样"按钮将放弃修改。

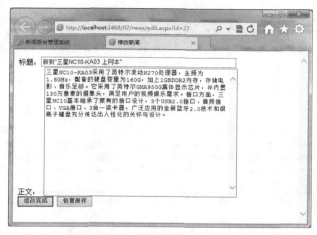

图 7-28　显示并修改查找到的新闻

知识目标

巩固数据修改技术。

技能目标

掌握 Update 语句的基本语法。

任务实现

修改新闻主要分为两个过程：显示要修改的新闻和提交修改后的新闻。

步骤一：修改链接的设置

在 manager.aspx 文件中的 repeater 的 <ItemTemplate>…</ItemTemplate>中，将"编辑"设置为可以传递变量的超链接，即：

```
<a href="edit.aspx?id=<%#Eval("id")%>" >编辑</a>
```

步骤二：设计修改窗体页

新建修改网页 edit.aspx，设计如图 7-29 所示窗体，文本框分别名为 txtTitle 和 txtContent，txtContent 的 TextMode 设置为 MutiLine，适当调整大小。其源代码如下：

```
<%@ Page Language="C#" AutoEventWireup="true" CodeFile="edit.aspx.cs"
Inherits="edit" ValidateRequest="false" %>
<!DOCTYPE html PUBLIC "-//W3C//DTD XHTML 1.0 Transitional//EN"
"http://www.w3.org/TR/xhtml1/DTD/xhtml1-transitional.dtd">

<html xmlns="http://www.w3.org/1999/xhtml" >
<head runat="server">
    <title>修改新闻</title>
</head>
<body>
    <form id="form1" runat="server">
    <div>
        <p>标题: <asp:TextBox ID="txtTitle" runat="server" Width="420px">
        </asp:TextBox></p>
        <p>正文: <asp:TextBox ID="txtContent" runat="server" Height=
        "286px" TextMode="MultiLine" Width="413px"></asp:TextBox></p>
```

```
            <p><asp:Button    ID="Button2"    runat="server"    OnClick="Button2_
            Click" Text="修改完成" /> 
            <input id="Reset1" type="reset" value="恢复原样" /></p>
        </div>
        </form>
</body>
</html>
```

图 7-29 修改页面的设计

步骤三：显示要修改的新闻

在网页刚加载时，首先判断是否已经登录，然后在第一次加网页载时执行显示指定编号的新闻内容。注意：新闻内容是显示在文本框中，显示在文本框中的内容是可以修改的，这为后面的修改做好了铺垫。

步骤四：提交修改后的内容

（1）当显示在文本框中的新闻被修改后，可以单击"修改完成"按钮执行 Button2_Click 的事件，即在替换掉特殊字符后，将标题、正文和时间用 UPDATE 语句提交给数据库。

Edit.aspx.cs 的具体程序代码如下：

```
using System;
using System.Data;
public partial class edit : System.Web.UI.Page
{
    protected void Page_Load(object sender, EventArgs e)
    {
        if(Convert.ToInt32(Session["pass"]) != 1)
            Response.Redirect("login.aspx");
```

```csharp
        if(!IsPostBack)
        {
            //第一次加载时显示指定id的新闻标题和正文内容
            string strSQL = "SELECT * FROM news WHERE id=" + Request.QueryString["id"];
            DataTable dt = DbManager.ExecuteQuery(strSQL);
            //显示前注意将<br>替换成回车
            txtTitle.Text = Server.HtmlDecode(dt.Rows[0]["title"].ToString().Replace("<br>", "\r\n"));
            txtContent.Text = Server.HtmlDecode(dt.Rows[0]["contents"].ToString().Replace("<br>", "\r\n"));
        }
    }
    protected void Button2_Click(object sender, EventArgs e)
    {
        //处理输入字符串,使空格、Html代码、换行保持输入时的样子
        string strContent = Server.HtmlEncode(txtContent.Text);
        strContent = strContent.Replace("\r\n", "<br>");
        strContent = strContent.Replace("'", "''");
        strContent = strContent.Replace(" ", " ");
        string strTitle = Server.HtmlEncode(txtTitle.Text);
        strTitle = strTitle.Replace("\r\n", "<br>");
        strTitle = strTitle.Replace("'", "''");
        strTitle = strTitle.Replace(" ", " ");

        string strSQL = "UPDATE [news] SET [title]='" + strTitle + "',[contents]='" + strContent + "',AddTime='" + DateTime.Now.Date + "' WHERE id=" + Request.QueryString["id"];
        if(DbManager.ExecuteNonQuery(strSQL) > 0)
        {
            Response.Write("<script>alert('修改成功')</script>");
            Response.Write("<script>location.assign('manager.aspx')</script>");
        }
        else
            Response.Write("<script>alert('修改失败')</script>");
    }
}
```

（2）在edit.aspx"源"视图第一行代码最后加入ValidateRequest="false"，以允许输入内容中含有"<"和">"符号，即：

```
<%@ Page Language="C#" AutoEventWireup="true" CodeFile="edit.aspx.cs" Inherits="edit" ValidateRequest="false" %>
```

步骤五："恢复原样"按钮的设计

"恢复原样"按钮是使用HTML控件中的input(reset)重置按钮实现，在此不再赘述。

知识提炼

（1）文本框具有输出和修改两重特性，即可以将程序结果输出到文本框中，同时也可以对文本框中的内容进行修改、添加。在本任务中修改新闻的思路是"先显示后修改"，即先

将查询到的新闻标题和正文内容输出到文本框中,再利用文本框可以输入和修改的特性实现修改,最后将修改后的结果再次提交到数据库。

(2)本任务的难点在于处理文字、空格、HTML 代码、换行等符号在修改和显示时的状态。在文本框中显示新闻时换行的处理方法是将
替换成回车符,这样才能在文本框中达到换行的效果,这和直接输出到网页中不一样。而在添加到数据库前要将回车符反向替换成
,这样在见面中显示新闻时才能正常换行。

思考与练习

(1)解释代码<ahref="show.aspx?id=<%#Eval("id")%>"target="_blank"><%#Eval("title") %>合</a>的作用。

(2)继续完善本单元中的商铺新闻系统,加强用户管理功能:实现用户密码修改,用户密码遗忘后的找回等功能。

(3)本单元的商铺新闻系统会把 HTML 代码以源码的形式输出,尝试修改成可以将 HTML 以所修饰效果形式输出,即如果输入内容中有 "文字" 形式的 HTML,则可以输出加粗的文字。

(4)当新闻标题过长时会破坏页面的美观性,也可以使用样式表和超链接的 alt 属性加以处理,实现将过长标题变为省略号,当鼠标指向该标题时,以提示的方式显示标题的全部内容,具体代码如下:

```
<div     style="width:120px;overflow:hidden;     text-overflow:ellipsis">
<nobr>...</nobr> </div>
```

将标题内容限制在 120px 内,超出部分变为省略号,为防止换行,在此加上了<nobr>...</nobr>强制不换行。使用<a title="<%#Eval("title")%>"...来实现鼠标指向标题时出现新闻完整标题提的提示。

根据此方法,尝试将任务五中新闻管理后台的新闻标题限制为长度 150px。

➡ 购物车和订单

知识目标
（1）了解购物车实现的原理；
（2）熟悉网络购物流程。

技能目标
（1）掌握购物车实现的方法；
（2）掌握订单实现的方法；
（3）掌握订单打印的方法。

本单元以网上购物流程为主线，从购物车、订单、订单打印到收款单和发货单、退货单和退款单，通过对数据表的查询、插入、修改和删除，特别是多表查询来实现购物功能。

任务设计

在电子商铺中，购物交易是整个网站的核心，选择商品→生成订单→打印订单→确认收款，这四步是正常状态，如果商品有问题还可能出现：确认退货→确认退款。购物车界面如图 8-1 所示。

图 8-1　购物车

任务分解

为了实现上述功能要求，将购物流程分解为五个任务：

任务一：购物车的实现。
采用购物信息插入购物表方式，实现购物车。
任务二：生成订单。
采用多表查询、插入、删除、修改的操作形成订单，并通过数据控件展示出来。
任务三：订单打印。
采用 JavaScript 脚本实现订单打印。
任务四：发货单和收款单。
采用数据控件，制作发货单和出货单。
任务五：退货单和退款单。
采用数据控件，制作退货单和退款单。
这五个任务环环相扣、紧密相连，后一个任务的设计依托前一个任务的结果。

任务一 购物车的实现——Insert 语句、Select 语句、Update 语句和 Delete 语句综合应用

实现购物车的方法有很多种，在本任务中，购物车的实现是借助购物表实现的，用户购买的商品将先存放在购物表，当选择生成订单时将购物表中的商品添加到订单表中，同时删除购物表中的商品，这样做的好处是当用户购物时可以随时退出网站，下次再登录时还可以看到上次所购商品，可以在上次购物的基础上继续购买。

任务描述

用户在首页登录后，即可实现网上购物，选择某个商品，查看详细情况时可以看到底部的购买数量文本框，输入合适的数量后，可以单击"加入购物车"按钮进入查看购物车的页面，如图 8-2 所示。

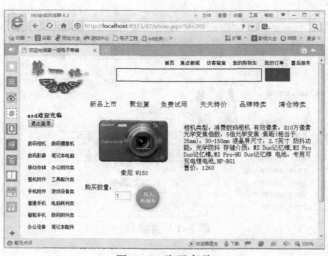

图 8-2 购买商品

知识目标

了解购物车的设计与实现技术。

技能目标

掌握购物车商品总价的计算方法。

查看购物车时,可以再次修改购买数量或者删除商品,在决定购买后选择生成订单,如图 8-3 所示。

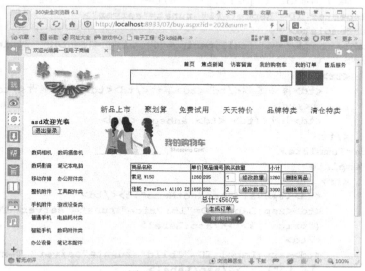

图 8-3　查看购物车

任务实现

步骤一:设计窗体文件

新建购物车网页 buy.aspx,如图 8-4 所示。

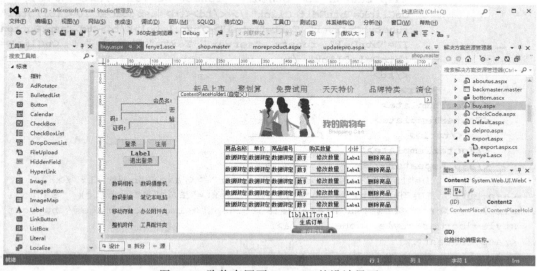

图 8-4　购物车网页 buy.aspx 的设计界面

窗体文件 buy.aspx 的源代码如下:

```
<%@ Page Title="" Language="C#" MasterPageFile="~/shop.master" AutoEventWireup="true"
```

```
        CodeFile="buy.aspx.cs" Inherits="buy" EnableEventValidation="false" %>
<asp:Content ID="Content1" ContentPlaceHolderID="head" runat="Server">
</asp:Content>
<asp:Content ID="Content2" ContentPlaceHolderID="ContentPlaceHolder1"
runat="Server">
<img src="images/shoppingcart.gif" alt=""/> <br /> <br />
    <asp:Repeater ID="Repeater1" runat="server">
    <HeaderTemplate>
        <table border="1" cellspacing="0" align="center" style="font-size:
    9pt">
        <tr>
            <td>商品名称</td><td>单价</td><td>商品编号</td><td>购买数
            量</td>
            <td>小计</td> <td>   </td>
        </tr>
    </HeaderTemplate>
    <ItemTemplate>
        <tr>
            <td><%#Eval("productName")%></td>
            <td><asp:Label ID="lblPrice" runat="server" Text='<%#Eval
            ("price")%>'></asp:Label>
            </td>
            <td><asp:Label ID="lblId" runat="server" Text='<%#Eval("
            商品id")%>'></asp:Label>
            </td>
            <td>
            <asp:TextBox ID="txtNum" Text='<%#Eval("购买数量")%>'
            Width= "20px" ToolTip="请输入大于1的整数"runat="server">
            </asp:TextBox>
            <asp:Button ID="btnEdit" runat="server" Text="修改数量"
            OnClick="btnEdit_Click" /> </td><td><asp:Label ID="lblTotal"
            runat= "server" Text="Label"></asp:Label></td><td><asp:Button
            ID="btnDel" runat= "server" Text="删除商品" OnClick=
            "btnDel_Click" />
            </td>
        </tr>
    </ItemTemplate>
    <FooterTemplate>
        </table>
    </FooterTemplate>
    </asp:Repeater>
<asp:Label ID="lblAllTotal" runat="server" ></asp:Label> <br />
<asp:Button ID="Button1" runat="server" Text="生成订单" onclick= "Button1_
Click" /><br /> <a href="default.aspx"><img src="images/ buy.gif"
style="border-style: none" /></a>
</asp:Content>
```

步骤二：设计程序文件 buy.aspx.cs

具体的代码如下：

```
using System;
using System.Collections.Generic;
using System.Web;
```

```csharp
using System.Web.UI;
using System.Web.UI.WebControls;
public partial class buy : System.Web.UI.Page
{
    protected void Page_Load(object sender, EventArgs e)
    {
        //判断是否已经登录
        if(Session.Count == 0)
        {
            Response.Write("<script>alert('你尚未登录,请先登录! ')</script>");
            Response.Write("<script>history.go(-1)</script>");
            Response.End();}
        else
            if(!IsPostBack)
            {//第一次加载窗体
                int num = Convert.ToInt32(Request.QueryString["num"]);
                int id = Convert.ToInt32(Request.QueryString["id"]);
                //判断是该用户否已经将该商品放置到购物车中
                string sql = "SELECT * FROM 购物表 WHERE 用户名='" + Session["name"].ToString() + "' AND 商品id=" + id;
                //如果查询结果>0,则是已经买过,只需要修改购买数量即可
                if(DbManager.ExecuteQuery(sql).Rows.Count > 0)
                {
                    sql = "UPDATE 购物表 SET 购买数量=购买数量+" + num + " WHERE 商品id=" + id;
                    DbManager.ExecuteNonQuery(sql);
                }
                else
                {
                    if (id != 0)
                    {
                        sql = "INSERT INTO 购物表(用户名,商品id,购买数量) VALUES ('" + Session["name"].ToString() + "'," + id + "," + num + ")";
                        DbManager.ExecuteNonQuery(sql);
                    }
                }
                //显示购物表中自己的购物信息
                string sql2 = "SELECT product.productName,购物表.购买数量,购物表.商品id,product.price FROM 购物表,product WHERE product.bh=购物表.商品id AND 用户名='" + Session["name"].ToString() + "'";
                Repeater1.DataSource = DbManager.ExecuteQuery(sql2);
                Repeater1.DataBind();

                int iNum, iProId;
                double iPrice, dblAllTotal = 0;
                string sql5 = "";
                for(int i = 0; i < this.Repeater1.Items.Count; i++)
                {
                    //使用FindControl找到Repeater控件中相应控件,并转换成相应类型
                    iNum = Convert.ToInt32(((TextBox)this.Repeater1.Items[i].FindControl("txtNum")).Text);
```

```csharp
                iProId = Convert.ToInt32(((Label)this.Repeater1.Items[i].
FindControl("lblId")).Text);
                iPrice = Convert.ToDouble(((Label)this.Repeater1.Items[i].
FindControl("lblPrice")).Text);
                dblAllTotal = dblAllTotal + iNum * iPrice;//计算总价钱
                  ((Label)this.Repeater1.Items[i].FindControl("lblTotal")).
Text = (iNum * iPrice).ToString();
                sql5 = "UPDATE 购物表 SET 购买数量=" + iNum + " WHERE 商品id=" + iProId;
                DbManager.ExecuteNonQuery(sql5);
            }
            lblAllTotal.Text = "总计:" + dblAllTotal.ToString() + "元";
        }
        protected void btnEdit_Click(object sender, EventArgs e)
        {
            int iNum, iProId;
            double iPrice, dblAllTotal = 0;
            string sql5 = "";
            for(int i = 0; i < this.Repeater1.Items.Count; i++)
            {
                iNum =   Convert.ToInt32(((TextBox)this.Repeater1.Items[i].
FindControl("txtNum")).Text);
                iProId =   Convert.ToInt32(((Label)this.Repeater1.Items[i].
FindControl("lblId")).Text);
                iPrice =   Convert.ToDouble(((Label)this.Repeater1.Items[i].
FindControl("lblPrice")).Text);
                dblAllTotal = dblAllTotal + iNum * iPrice;//计算总价钱 ((Label)
this.Repeater1.Items[i].FindControl("lblTotal")).Text = (iNum * iPrice).ToString();
                sql5 = "UPDATE 购物表 SET 购买数量=" + iNum + " WHERE 商品id=" + iProId;
                DbManager.ExecuteNonQuery(sql5);}
            lblAllTotal.Text = "总计:" + dblAllTotal.ToString() + "元";
        }
        protected void btnDel_Click(object sender, EventArgs e)
        {
            int iProId;
            string sql = "";
            string sql1;
            for(int i = 0; i < this.Repeater1.Items.Count; i++)
            {
                if ((Button)sender == (Button)this.Repeater1.Items[i].FindControl
("btnDel"))
                {
                iProId=Convert.ToInt32(((Label)this.Repeater1.Items[i].FindControl
("lblId")).Text);
                sql = "DELETE FROM 购物表 WHERE 商品id=" + iProId;
                DbManager.ExecuteNonQuery(sql);
                }
            }
            sql1 = "SELECT product.productName,购物表.购买数量,购物表.商品id,product.price FROM 购物表,product WHERE product.bh=购物表.商品id AND 用户名='" + Session["name"].ToString() + "'";
            Repeater1.DataSource = DbManager.ExecuteQuery(sql1);
            Repeater1.DataBind();
```

```
            int iNum;
            double iPrice;
            string sql3 = "";
            for(int i = 0; i < this.Repeater1.Items.Count; i++)
            {
                iNum   =   Convert.ToInt32(((TextBox)this.Repeater1.Items[i].FindControl("txtNum")).Text);
                iProId  =   Convert.ToInt32(((Label)this.Repeater1.Items[i].FindControl("lblId")).Text);
                iPrice  =   Convert.ToDouble(((Label)this.Repeater1.Items[i].FindControl("lblPrice")).Text);
                ((Label)this.Repeater1.Items[i].FindControl("lblTotal")).Text = (iNum * iPrice).ToString();
                sql3 = "UPDATE 购物表 SET 购买数量=" + iNum + " WHERE  商品id=" + iProId;
                DbManager.ExecuteNonQuery(sql3);
            }
        }
        protected void Button1_Click(object sender, EventArgs e)
        {
            string sql = "INSERT INTO 订单表 SELECT 用户名,商品id,购买数量 FROM  购物表 WHERE  用户名='" + Session["name"].ToString() + "'";
            if(DbManager.ExecuteNonQuery(sql) > 0)
            {
                sql = "DELETE FROM  购物表 WHERE  用户名='" + Session["name"].ToString() + "'";
                if(DbManager.ExecuteNonQuery(sql)>0)
                Response.Redirect("order.aspx");
            }
            else
                Response.Write("<scirpt>alert('生成订单失败')</scipt>");
        }
```

知识提炼

1. 关于购物车

购物车是网络购物系统中的一种重要功能，与在真实商店中的购物过程类似。在网络环境下，用户可能在某个网络商店网站的不同页面之间跳转，以选购自己喜爱的商品，最后将选中的所有商品放在购物车中统一到付款台结账。服务器通过追踪每个用户的行动，以保证在结账时每件商品都物有其主。购物车的功能应该包括以下几项：

- 把商品添加到"购物车"。
- 从"购物车"中删掉已订购的商品。
- 修改"购物车"中某一商品的数量。
- 清空"购物车"。
- 显示、统计"购物车"中的商品。
- 往"购物车"中 添加商品。

实现购物车的关键在于服务器识别每一个用户并维持与他们的联系。但是，HTTP 是一种"无状态(Stateless)"的协议，因而服务器不能记住是谁在购买图书，当把商品加入购物车时，服务器也不知道购物车里原先有些什么，使得用户在不同页面间跳转时购物车无法"随身携带",这都给购物车的实现造成了一定的困难。

目前购物车的实现主要是通过 Session、Cookie 或结合数据库的方式。

虽然 Cookie 可用来实现购物车,但必须获得浏览器的支持,再加上它是存储在客户端的信息,极易被获取,所以这也限制了它存储更多、更重要的信息。所以,一般 Cookie 只用来维持与服务器的会话,例如国内最大的当当网络书店就是用 Cookie 保持与客户的联系,但是这种方式最大的缺点是如果客户端不支持 Cookie 就会使购物车失效。

Session 能很好地与交易双方保持会话,可以忽视客户端的设置。在购物车技术中得到了广泛的应用。但 Session 的文件属性使其仍然留有安全隐患。

结合数据库的方式是目前较普遍的模式,在这种方式中,数据库承担着存储购物信息的作用,Session 或 Cookie 则用来跟踪用户,虽然在一定程度上解决了上述 Session 或 Cookie 存在的问题,但在这种购物流程中涉及对数据库表的频繁操作,尤其是用户每选购一次商品,都要与数据库进行连接,当用户很多的时候就加大了服务器与数据库的负荷。

在本任务中使用数据库的方式实现购物车的功能,建立一张数据表登记客户的购物车情况,客户每次登录直接查询表就可以了,这样做的好处是用户本次购物信息可以存储在数据表中,下次再登录时可以不用重新购买本次已经选择的商品。

2. FindControl 的作用就是在页命名容器中搜索带指定标识符的服务器控件

例如:FindControl("txtfname")查询 ID 是 txtfname 的控件,若要找到 Repeater 控件中相应控件,需要使用 Repeater1.Items[i].FindControl("txtNum")的形式才能找到 Repeater 中的控件 txtNum,在使用时要将找到的控件转换成相应类型,才能正确读取其值或赋给新值。

任务二 生成订单——FormView 控件

任务描述

如图 8-5 所示,如果对购物车的商品感到满意,就可以生成购物订单页 order.aspx,生成订单后就可以发货了。

图 8-5 订单

知识目标

掌握订单生成技术。

技能目标

掌握多数据表的查询、插入、修改、删除操作,掌握数据控件的设置方法。

任务实现

Order.aspx 窗体的代码如下：

```aspx
<%@ Page Title="" Language="C#" MasterPageFile="~/shop.master" AutoEventWireup="true"
    CodeFile="order.aspx.cs" Inherits="order" %>
<asp:Content ID="Content1" ContentPlaceHolderID="head" runat="Server">
    <style type="text/css">
        .style3{border-style: dashed; border-width: 1px; font-size: small; clear: both; margin-right: auto; margin-left: auto;}
    </style>
</asp:Content>
<asp:Content ID="Content2" ContentPlaceHolderID="ContentPlaceHolder1" runat="Server">
    <div class="style3">
        您在第一佳商城购买了以下商品:<br />
        <asp:GridView ID="GridView1" runat="server" Font-Size="Small" HorizontalAlign="Center">
        </asp:GridView>
        <br /><br />
        我们将按照您如下的联系方式送货并与您联系:<br>
        <asp:FormView ID="FormView1" runat="server" CellPadding="4" ForeColor="#333333" HorizontalAlign="Center">
            <FooterStyle BackColor="#5D7B9D" Font-Bold="True" ForeColor="White" />
            <RowStyle BackColor="#F7F6F3" ForeColor="#333333" />
            <ItemTemplate>
                <%#Eval("收件人姓名") %>,地址:<%#Eval("通信地址")%>,邮编:<%#Eval("邮编")%>
                电话:<%#Eval("电话")%> 邮箱:<%#Eval("Email")%>
            </ItemTemplate>
            <PagerStyle BackColor="#284775" ForeColor="White" HorizontalAlign="Center" />
            <HeaderStyle BackColor="#5D7B9D" Font-Bold="True" ForeColor="White" />
            <EditRowStyle BackColor="#999999" />
        </asp:FormView>
    </div>
</asp:Content>
```

Order.aspx.cs 程序代码如下：

```csharp
using System;
public partial class ORDER : System.Web.UI.Page
{
    protected void Page_Load(object sender, EventArgs e)
    {
        if(Session.Count > 0)
        {
            string sql = "SELECT 收件人姓名,通信地址,邮编,电话,Email FROM 用户表 WHERE 用户名='" + Session["name"].ToString() + "'";
            FormView1.DataSource = DbManager.ExecuteQuery(sql);
            FormView1.DataBind();
            sql = "SELECT product.productName as 商品名,product.price as 单价,订单表.购买数量 FROM product,订单表 WHERE 订单表.商品id=product.bh AND 订单表.用户名='" + Session["name"].ToString() + "'";
            GridView1.DataSource = DbManager.ExecuteQuery(sql);
```

```
            GridView1.DataBind();
        }
        else
        {
            Response.Write("<script>alert('要查看自己的订单情况请先登录')
</script>");
            Response.Write("<script>location.assign('default.aspx')
</script>"); }
    }
}
```

知识提炼

订单是在用户购物后将购物车中的商品提交到结账时生成的一个网上交易支付凭证，一般一次购物生成一个订单，反应用户本次购物的情况。

在本任务中为了显示用户和商品信息，需要从多个数据表读取信息，使用了多表关联操作，即从购物表中读取出当前用户的购物清单，并从用户表中读取出用户详细通信资料，从 product 表中读取出产品详细信息，共同生成订单信息显示给用户确认，在生成订单时将用户购物车中的信息加入到订单中，并清除购物车中的购物信息。在订单生成后可以进行订单管理，通过订单管理可以实现付款、发货等操作了。

任务三 订单打印——window.print 方法

任务描述

如图 8-6 所示，订单是商品交易的凭证，是买方向卖方发出的订货单，通常情况下，订单都需要打印出来，但仅打印订单部分。

图 8-6 订单打印

知识目标

掌握订单打印技术。

技能目标

掌握 JavaScript 设计订单打印的方法。

任务实现

步骤一：添加打印按钮

在界面源码的底部插入预览并打印按钮，代码如下：

```
<div align="center">
   <input type="button" name="print" value="预览并打印" onclick= "preview()">
</div>
```

步骤二：设置 preview()过程

在<asp:Content ID="Content1" ContentPlaceHolderID="head" runat="Server">和</asp:Content> 之间添加 Javascript 脚本，脚本内容如下：

```
<script language="Javascript">
   function preview() {
       bdhtml = window.document.body.innerHTML;
       sprnstr = "<!--startprint-->";
       eprnstr = "<!--endprint-->";
       prnhtml = bdhtml.substr(bdhtml.indexOf(sprnstr) + 17);
       prnhtml = prnhtml.substring(0, prnhtml.indexOf(eprnstr));
       window.document.body.innerHTML = prnhtml;
       window.print();
   }
</script>
```

打印采用了 window.print()方法，如果仅使用 window.print()方法也可以将页面打印出来，但是会有很多不需要的网页信息被打印出来，本任务使用 sprnstr = "<!--startprint-->"和 eprnstr = "<!--endprint-->"来控制打印的范围。

步骤三：设置打印范围

将打印范围包含在<!--startprint-->和<!--endprint-->之间，其中<!--startprint-->是打印的起始位置，<!--endprint-->是打印的终止位置。

单击"预览并打印"按钮后的效果如图 8-7 所示，打印配置如图 8-8 所示。

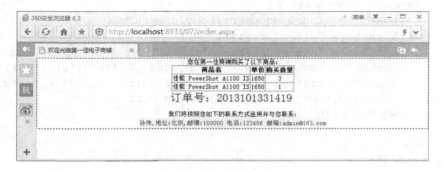

图 8-7 打印预览

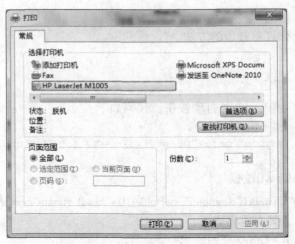

图 8-8　打印配置

源代码如下：

```asp
<%@ Page Title="" Language="C#" MasterPageFile="~/shop.master" AutoEventWireup="true"
    CodeFile="order.aspx.cs" Inherits="order" %>

<asp:Content ID="Content1" ContentPlaceHolderID="head" runat="Server">
    <style type="text/css">
        .style3
        {
            border-style: dashed;
            border-width: 1px;
            font-size: small;
            clear: both;
            margin-right: auto;
            margin-left: auto;
        }
    </style>
    <script language="Javascript">
        function preview() {
            bdhtml = window.document.body.innerHTML;
            sprnstr = "<!--startprint-->";
            eprnstr = "<!--endprint-->";
            prnhtml = bdhtml.substr(bdhtml.indexOf(sprnstr) + 17);
            prnhtml = prnhtml.substring(0, prnhtml.indexOf(eprnstr));
            window.document.body.innerHTML = prnhtml;
            window.print();
        }
    </script>
</asp:Content>
<asp:Content ID="Content2" ContentPlaceHolderID="ContentPlaceHolder1" runat="Server">
    <!--startprint-->
    <div class="style3">
```

```
            您在第一佳商铺购买了以下商品:<br />
            <asp:GridView ID="GridView1" runat="server" Font-Size="Small"
                HorizontalAlign="Center">
            </asp:GridView>
            <asp:Label ID="Label1" runat="server" Font-Size="X-Large"></asp:Label>
            <br />
            <br />
            我们将按照您如下的联系方式送货并与您联系:<br>
            <asp:FormView   ID="FormView1"   runat="server"   CellPadding="4"
ForeColor="#333333"
                HorizontalAlign="Center">
                <FooterStyle BackColor="#5D7B9D" Font-Bold="True" ForeColor="White" />
                <RowStyle BackColor="#F7F6F3" ForeColor="#333333" />
                <ItemTemplate>
                    <%#Eval("收件人姓名") %>,地址:<%#Eval("通信地址")%>,邮编:
<%#Eval("邮编")%>
                    电话:<%#Eval("电话")%>
                    邮箱:<%#Eval("Email")%>
                </ItemTemplate>
                <PagerStyle BackColor="#284775" ForeColor="White" Horizontal
Align="Center" />
                <HeaderStyle BackColor="#5D7B9D" Font-Bold="True" ForeColor=
"White" />
                <EditRowStyle BackColor="#999999" />
            </asp:FormView>
        </div>
        <!--endprint-->
        <div align="center">
            <input type="button" name="print" value="预览并打印" onclick=
"preview()">
        </div>
</asp:Content>
```

加粗倾斜部分就是设置的打印范围。

知识提炼

订单打印除了上述所讲的 window.print()技术，常用的还有 WebBrowser 控件技术、.NET 组件打印和第三方控件技术等。下面详细介绍 WebBrowser 控件技术实现订单打印的方法。

功能的实现主要是利用 WebBrowser 控件的函数接口来实现打印、打印预览（默认的）、页面设置（默认的）。

实现代码如下：

```
<object ID='WebBrowser1' WIDTH=0 HEIGHT=0
 CLASSID='CLSID:8856F961-340A-11D0-A96B-00C04FD705A2'>
//打印
WebBrowser1.ExecWB(6,1);
//打印设置
WebBrowser1.ExecWB(8,1);
//打印预览
WebBrowser1.ExecWB(7,1);
//直接打印
```

```
WebBrowser1.ExecWB(6,6);
//自定义类PrintClass
public string DGPrint(DataSet ds)
 {
    //DGPrint执行的功能：根据DataTable转换成对应的HTML对应的字符串
    DataTable myDataTable=new DataTable();
    myDataTable=ds.Tables[0];
    int myRow=myDataTable.Rows.Count;
    int myCol=myDataTable.Columns.Count;
    StringBuilder sb=new StringBuilder();
    string  colHeaders="<html><body>"+"<object  ID='WebBrowser'  WIDTH=0 HEIGHT=0
    CLASSID='CLSID:8856F961-340A-11D0-A96B-00C04FD705A2'VIEWASTEXT></object>" +"<table><tr>";
    for(int i=0;i<myCol;i++)
    {
        colHeaders  +="<td>"+ myDataTable.Columns[i].ColumnName.ToString()+"</td>";
    }
    colHeaders += "</tr>";
    sb.Append(colHeaders);
    for(int i=0;i<myRow;i++)
    {
        sb.Append("<tr>");
        for(int j=0;j<myCol;j++)
        {
            sb.Append("<td>");
            sb.Append(myDataTable.Rows[i][j].ToString().Trim());
            sb.Append("</td>");
        }
        sb.Append("</tr>");
    }
    sb.Append("</table></body></html>");
    colHeaders=sb.ToString();
    colHeaders+="<script   languge='Javascript'>WebBrowser.ExecWB(6,1);window.opener=null;window.close();</script>";
    return(colHeaders);
 }
//页面：打印按钮事件
PrintClass myP = new PrintClass();
Response.Write(myP.DGPrint(Bind()));
```

任务四　发货单和收款单——多表查询

任务描述

发货单和收款单同样是重要的交易凭证，其中发货单中要注明发货人、收货人、订单号、商品内容等，收款单要注明收款人、订单号、收款金额等内容。发货单和收款单都是由网站管理人员完成，该功能放入后台管理模块，发货单如图8-9所示。

图 8-9　发货单

知识目标

掌握发货单和收款单的实现原理。

技能目标

掌握数据表操作的综合应用技术。

任务实现

步骤一：界面设计

新建页面 fh.aspx，在页面上依次添加 TextBox 控件、Button 控件、GridView 控件、FormView 控件和两个 Label 控件。

代码如下：

```
<%@ Page Title="" Language="C#" MasterPageFile="~/backmaster.master"
AutoEventWireup="true" CodeFile="fh.aspx.cs" Inherits="fh" %>
<asp:Content ID="Content1" ContentPlaceHolderID="head" Runat="Server">
    <style type="text/css">
        .style3
        {
            border-style: dashed;
            border-width: 1px;
            font-size: small;
            clear: both;
            margin-right: auto;
            margin-left: auto;
        }
    </style>
    <script language="Javascript">
        function preview() {
            bdhtml = window.document.body.innerHTML;
            sprnstr = "<!--startprint-->";
            eprnstr = "<!--endprint-->";
            prnhtml = bdhtml.substr(bdhtml.indexOf(sprnstr) + 17);
            prnhtml = prnhtml.substring(0, prnhtml.indexOf(eprnstr));
            window.document.body.innerHTML = prnhtml;
            window.print();
        }
```

```
        </script>
    </asp:Content>
    <asp:Content ID="Content2" ContentPlaceHolderID="ContentPlaceHolder1"
Runat="Server">
        <div class="style3">
            <br />
            请输入订单号: <asp:TextBox ID="TextBox1" runat="server" Width=
"212px"></asp:TextBox>
            <asp:Button ID="Button1" runat="server" OnClick="Button1_Click"
Text="发货" />
            <br />
            <br />
            <!--startprint-->
            您在第一佳商铺购买了以下商品:<br />
            <asp:GridView ID="GridView1" runat="server" Font-Size="Small"
                HorizontalAlign="Center">
            </asp:GridView>
            <asp:Label ID="Label1" runat="server" Font-Size="X-Large"></asp:Label>
            <br />
            <asp:Label ID="Label2" runat="server" Font-Size="X-Large"></asp:Label>
            <br />
            <br />
            我们将按照您如下的联系方式送货并与您联系:<br />
            <asp:FormView ID="FormView1" runat="server" CellPadding="4"
ForeColor="#333333"
                HorizontalAlign="Center">
                <FooterStyle BackColor="#5D7B9D" Font-Bold="True" ForeColor
="White" />
                <RowStyle BackColor="#F7F6F3" ForeColor="#333333" />
                <ItemTemplate>
                    <%#Eval("收件人姓名") %>,地址:<%#Eval("通信地址")%>,邮
编:<%#Eval("邮编")%>电话:<%#Eval("电话")%>邮箱:<%#Eval("Email")%>
                </ItemTemplate>
                <PagerStyle BackColor="#284775" ForeColor="White" Horizontal
Align="Center" />
                <HeaderStyle BackColor="#5D7B9D" Font-Bold="True" ForeColor=
"White" />
                <EditRowStyle BackColor="#999999" />
            </asp:FormView>
        </div>
        <!--endprint-->
        <div align="center">
            <input type="button" name="print" value="预览并打印" onclick
="preview()">
        </div>
    </asp:Content>
```

步骤二: 代码设计

在Button按钮的click事件中添加如下代码:

```
    protected void Button1_Click(object sender, EventArgs e)
    {
        //获取用户名
```

```
        string ddh = TextBox1.Text;
        string sql0 = "select 用户名 from 订单表 where 订单号='" + ddh + "'";
        string name = Convert.ToString(DbManager.ExecuteScalar(sql0));
        //获取客户信息
        string sql = "select 收件人姓名,通信地址,邮编,电话,Email from 用户表 where 用户名='" + name + "'";
        FormView1.DataSource = DbManager.ExecuteQuery(sql);
        FormView1.DataBind();
        //获取购买商品信息
        sql = "select product.productName as 商品名,product.price as 单价,订单表.购买数量 from product,订单表 where 订单表.商品id=product.bh and 订单表.订单号='" + ddh + "'";
        GridView1.DataSource = DbManager.ExecuteQuery(sql);
        GridView1.DataBind();
        Label1.Text = "订单号: " + ddh;
        Label2.Text = "发货人" + Session["admin"].ToString();
        //存储发货信息
        string sql2 = "insert into 收款发货(订单号,已发货,发货人,发货时间) values('" + ddh +"',1,'" + Session ["admin"].ToString () +"','"+ DateTime .Now +"')";
        DbManager.ExecuteNonQuery(sql2);
    }
```

知识提炼

发货单和收款单在同一个表中，实现过程中要分清是先发货后收款，还是先收款后发货，这将决定在存储发货和收款信息的时候，谁是用 Insert 语句，谁是用 Update 语句。本任务中采用的是先发货后收款，因此发货信息存储采用 Insert 语句，收款信息存储采用 Update 语句。

由于发货单和收款单实现过程基本相同，本任务不再给出收款单的实现过程，留给同学们作为课后作业。

任务五　退货单和退款单——Select 语句和 Insert 语句综合应用

任务描述

退货单和退款单是退货过程重要的交易凭证，其中退货单中要注明退货人、收货人、订单号、商品内容等，退款单要注明收款人、订单号、商品名称、退款金额等内容。退货单和退款单都是由网站管理人员完成，该功能放入后台管理模块，退货单如图 8-10 所示。

知识目标

掌握退货单和退款单的实现原理。

技能目标

掌握数据表操作的综合应用技术。

图 8-10 收货单

任务实现

步骤一：界面设计

新建页面 sh.aspx，在页面上依次添加两个 TextBox 控件、Button 控件、GridView 控件、FormView 控件和两个 Label 控件。

界面代码如下：

```
<%@ Page Title="" Language="C#" MasterPageFile="~/backmaster.master"
AutoEventWireup="true" CodeFile="sh.aspx.cs" Inherits="sh" %>
<asp:Content ID="Content1" ContentPlaceHolderID="head" Runat="Server">
    <style type="text/css">
        .style3
        {
            border-style: dashed;
            border-width: 1px;
            font-size: small;
            clear: both;
            margin-right: auto;
            margin-left: auto;
        }
    </style>
    <script language="Javascript">
        function preview() {
            bdhtml = window.document.body.innerHTML;
            sprnstr = "<!--startprint-->";
            eprnstr = "<!--endprint-->";
            prnhtml = bdhtml.substr(bdhtml.indexOf(sprnstr) + 17);
            prnhtml = prnhtml.substring(0, prnhtml.indexOf(eprnstr));
            window.document.body.innerHTML = prnhtml;
            window.print();
        }
    </script>
</asp:Content>
```

```
<asp:Content   ID="Content2"   ContentPlaceHolderID="ContentPlaceHolder1"
Runat="Server">
    <div class="style3">
        <br />
        请输入订单号: <asp:TextBox ID="TextBox1" runat="server" Width=
"212px"></asp:TextBox>
        <br />
        请输入商品编号: <asp:TextBox ID="TextBox2" runat="server" Width=
"212px"></asp:TextBox>
        <br />
        <asp:Button ID="Button1" runat="server" OnClick="Button1_Click"
Text="收货" Height="20px" />
        <br />
        <!--startprint-->
        您在第一佳商铺购买了以下商品:<br />
        <asp:GridView ID="GridView1" runat="server" Font-Size="Small"
            HorizontalAlign="Center">
        </asp:GridView>
        <asp:Label ID="Label1" runat="server" Font-Size="X-Large"></asp:Label>
        <br />
        <asp:Label ID="Label2" runat="server" Font-Size="X-Large"></asp:Label>
        <br />
        <br />
        货物来自:<br />
        <asp:FormView   ID="FormView1"   runat="server"   CellPadding="4"
ForeColor="#333333"
            HorizontalAlign="Center">
            <FooterStyle BackColor="#5D7B9D" Font-Bold="True" ForeColor=
"White" />
            <RowStyle BackColor="#F7F6F3" ForeColor="#333333" />
            <ItemTemplate>
                <%#Eval(" 收件人姓名 ") %>, 地址:<%#Eval(" 通信地址 ")%>, 邮
编:<%#Eval("邮编")%>电话:<%#Eval("电话")%>邮箱:<%#Eval("Email")%>
            </ItemTemplate>
            <PagerStyle BackColor="#284775" ForeColor="White" Horizontal
Align="Center" />
            <HeaderStyle BackColor="#5D7B9D" Font-Bold="True" ForeColor=
"White" />
            <EditRowStyle BackColor="#999999" />
        </asp:FormView>
    </div>
    <!--endprint-->
    <div align="center">
        <input type="button" name="print" value="预览并打印" onclick=
"preview()">
    </div>
</asp:Content>
```

步骤二: 代码设计

在 Button 按钮的 click 事件中添加如下代码:

```
protected void Button1_Click(object sender, EventArgs e)
{
```

```
//获取用户名
string ddh = TextBox1.Text;
Int16 spid = Convert.ToInt16(TextBox2.Text);
string sql0 = "select 用户名 from 订单表 where 订单号='" + ddh + "'";
string name = Convert.ToString(DbManager.ExecuteScalar(sql0));
//获取客户信息
string sql = "select 收件人姓名,通信地址,邮编,电话,Email from 用户表 where 用户名='" + name + "'";
FormView1.DataSource = DbManager.ExecuteQuery(sql);
FormView1.DataBind();
//获取退货商品信息
sql = "select product.productName as 商品名,product.price as 单价 from product,订单表 where 订单表.商品id=product.bh and 订单表.订单号='" + ddh + "' and 订单表.商品id=" + spid ;
GridView1.DataSource = DbManager.ExecuteQuery(sql);
GridView1.DataBind();
Label1.Text = "订单号: " + ddh;
Label2.Text = "收货人" + Session["admin"].ToString();
//存储退货信息
string sql2 = "insert into 收货退款(订单号,商品id,已收货,收货人,收货时间) values('" + ddh + "'," +spid +",1,'" + Session["admin"].ToString() + "','" + DateTime.Now + "')";
DbManager.ExecuteNonQuery(sql2);
}
```

知识提炼

退货单和退款单在同一个表中，实现过程中采用先退货后退款的方式，因此退货信息存储采用 Insert 语句，退款信息存储采用 Update 语句。

由于退货单和退款单实现过程基本相同，本任务不再给出退款单的实现过程，留给同学们作为课后作业。

思考与练习

（1）建表 gwc，其中至少包含用户名、商品编号、购买数量等字段。以 gwc 表为基础，在起始实现购物车功能。

（2）建表 ddb，其中至少包含订单号、商品编号、购买数量、下单日期等字段。并在题 1 的基础上实现购物车功能。

（3）在题（2）的基础上实现订单打印功能。

（4）在题（3）的基础上完成发货单、收款单、退货单和退款单的设计。

电子商铺的完整实现

知识目标

（1）掌握动态网站设计的整体流程；
（2）掌握系统分析和数据库设计的基本原理；
（3）掌握页面设计的基本原则。

技能目标

（1）掌握 Access 建库建表的方法；
（2）掌握母版页设计和使用方法；
（3）掌握子系统嵌入的方法。

任务设计

本单元将设计完成最终的网上商铺，实现如下功能：建立一个商品 B2C 型的数码网上商铺"第一佳电子商铺"，主要实现以下功能：

- 实现用户的浏览、注册、登录与商品购买。
- 商品的入库资料登记、商品展示、在线购买，商品搜索、购物车。
- 商铺访问者的在线留言、查看留言，管理员的在线管理留言等。
- 商铺最新新闻的显示、历史新闻的分页显示、新闻详细情况的显示、后台管理员添加、删除、修改新闻等。

本项目采用 Access 做为数据库，亦可以使用 SQL Server 做为数据库，项目的重点是商品的添加、删除、显示与修改，以及购物的流程中购物车和订单的实现。

在系统实现过程中，除了设计母版页，统一并美化网站的界面外，还需将之前完成的用户管理、商品管理、留言板、新闻管理和购物车等功能模块，逐个添加至网站中，形成一个完整的电子商务网站，如图 9-1 所示。

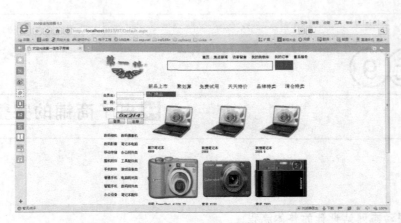

图 9-1 网站首页

任务分解

为了实现上述功能要求,将本单元按功能需求划分为九个任务。

任务一:系统分析和数据库设计。

使用软件工程的方法分析系统、设计数据库,为后续开发做好准备。

任务二:商铺母版页的设计。

使用母版页技术,统一网站的界面风格。

任务三:网站首页的设计。

依据实用、美观的原则,实现网站首页。

任务四:网站后台管理页面设计。

采用母版页技术,实现网站后台管理页面设计。

任务五:商品管理的嵌入。

使用代码修改的方式为商品管理页面添加母版页,将商品管理嵌入网站,完善网站功能。

任务六:新闻系统、留言板嵌入。

使用内嵌式框架的方法将新闻系统和留言板嵌入网站,完善网站功能。

任务七:用户积分管理。

通过购买商品,调整用户积分,实现用户积分管理。

任务八:商品售后服务。

使用聊天室,实现商品售后服务。

任务一 系统分析和数据库设计

任务描述

在进行系统设计前仔细的进行系统分析是一项重要的工作,本设计的网上商铺涉及五个子系统:购物管理、商品管理、商铺留言板、商铺新闻系统、用户管理。这五个子系统中每个子系统都有显示、添加、管理等功能,最复杂的是在线购物系统,其中涉及购物车、订单等问题。根据任务目标设计相应的数据库,注意符合数据库设计规范。

知识目标

熟悉系统分析和数据库设计技术。

技能目标

掌握系统分析的基本方法和工具。

任务实现

（1）先进行任务分析，大致形成如图9-2所示的功能模块图。

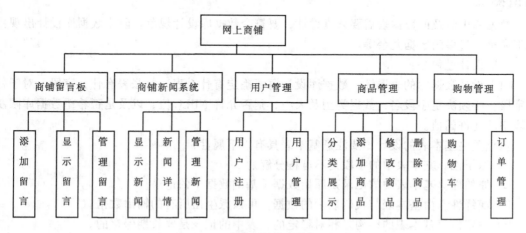

图9-2　网上商铺功能模块分析

（2）用户工作流程。

未登录用户可以实现功能如图9-3所示。

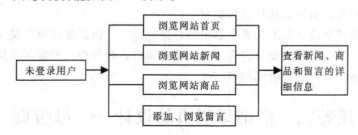

图9-3　未登录用户访问流程

登录用户除实现以上功能外还可以实现网上购物，生成订单等功能如图9-4所示。

图9-4　登录用户访问流程

系统管理员的管理流程如图9-5所示。

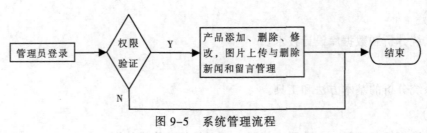

图 9-5 系统管理流程

知识提炼

数据库中涉及的数据表需要认真设计，要符合数据库设计规范，防止数据库设计出现数据不完整、过多的数据冗余等。

一般设计过程是：

（1）设计数据库的表属性：数据库设计需要确定有什么表，每张表有什么字段。对于每一字段，必须决定字段名，数据类型及大小，是否允许 NULL 值，以及是否希望数据库限制字段中所允许的值。

重点关注基本表的设计，要注意基本表具有以下属性：

① 原子性。基本表中的字段是不可再分解的。
② 原始性。基本表中的记录是原始数据（基础数据）的记录。
③ 演绎性。由基本表与代码表中的数据，可以派生出所有的输出数据。
④ 稳定性。基本表的结构是相对稳定的，表中的记录是要长期保存的。

在确立好基本表时要将基本表与中间表、临时表区分开来。

（2）选择字段名：字段名可以是字母、数字或符号的任意组合。然而，如果字段名包括了字母、数字或下画线、或并不以字母打头，或者它是个关键字，那么当使用字段名称时，必须用双引号括起来。为字段选择数据类型

（3）基本表及其字段之间的关系应尽量满足第三范式。但是要注意的是满足第三范式的数据库设计，往往不是最好的设计。为了提高数据库的运行效率，常常需要降低范式标准：适当增加冗余，达到以空间换时间的目的。

任务二　商铺母版页的设计——母版页

通常情况下，如果网站内的页面看起来外观和风格比较一致，站点拥有统一的页面布局，那么这个站点给人的视觉感就会更舒服些，如微软公司的网站就是如此。ASP.NET 4.5 引入的一个新特性为我们能够统一站点的页面布局方面提供了简单而有效的工具，这就是母版技术，它的作用类似于 Dreamweaver 中的模板。母版允许开发者创建统一的站点模板和指定的可编辑区域，这样 Web 窗体页面只需要给模板页中指定的可编辑区域提供填充内容就可以了。所有在母版中定义的其他标记将出现在所有使用了该母版的 ASPX 页面中。这种模式允许开发者统一管理和定义站点的页面布局，因此可以容易的得到拥有统一风格的页面。

任务描述

如图 9-6 所示，其中的 ContentPlaceHolder 是一个可以自由编辑的区域，将来由此模板生成的网页除 ContentPlaceHolder 外都是相同的。

图 9-6 网站母版页

知识目标

掌握母版页技术和用户自定义控件在布局中的应用。

技能目标

掌握母版页设计应用的方法和用户自定义控件在布局中的应用方法。

任务实现

步骤一：设计 Web 用户控件

（1）新建站点，再新建两个用户控件，一个是如图 9-7 所示的 head.ascx，导航栏是由一系列的图片放置在表格中，图片分别链接到相应的文件。

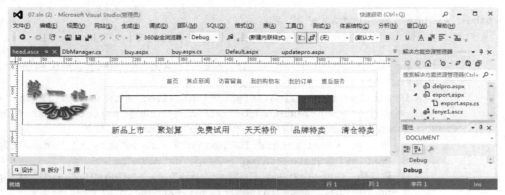

图 9-7 head.ascx 用户控件的设计

（2）再新建一个是 left.ascx，在此为了简化操作，将用户的登录和商品列表都放在一起 left.ascx 中，如图 9-8 所示。Left.ascx 的源代码如下：

图 9-8 left.ascx 用户控件的设计

```
<%@ Control Language="C#" AutoEventWireup="true" CodeFile="left.ascx.cs"
Inherits="left"  EnableViewState="false" %>
<style type="text/css">
a{font-size: 9pt; color: #000000;}
    a:link{text-decoration: none; color: #000000; }
    a:visited{text-decoration: none; color: #000000;}
    a:hover{text-decoration: underline;color: #000000; }
    a:active{text-decoration: none; color: #777777; }
    .loginstyle{font-size: 9pt; color: #ffffff; }
    .style1{ font-size: 9pt; color: #ffffff; text-align: center; }
</style>
<table width="150" border="0" >
    <tr>
        <td>
            <asp:Panel ID="Panel1" runat="server" Width="150px" EnableViewState
            ="false">
            <div style="text-align: right; font-size: 9pt; width: 150px;">
                会员名: <asp:TextBox ID="txtName" runat="server" Width="80px"
                EnableViewState="false"></asp:TextBox><br />
                密  码: <asp:TextBox ID="txtPwd" runat="server" Width="80px"
                EnableViewState="false"></asp:TextBox><br />
                验证码: <asp:TextBox ID="txtCheck" runat="server" Width="80px"
                EnableViewState="false"></asp:TextBox><br />
                <img alt="验证码" src="CheckCode.aspx" style="height: 21px;
                width: 100px" /><br />
                <asp:Button ID="btnLogin" runat="server" OnClick= "btnLogin_
                Click" Text="登录" Width="62px" EnableViewState ="false" />
                <asp:Button ID="btnReg" runat="server" Text="注册" Width="62px"
                OnClick="btnReg_Click" EnableViewState= "false"/>
            </div>
```

```
                </asp:Panel>
                <asp:Panel ID="Panel2" runat="server" Width="140px" Visible=
                "False">
                    <asp:Label ID="Label1" runat="server" Font-Bold="True" Font-
                    Size="9pt" Style="font-size: 11pt" Text="Label"> </asp:Label>
                    <br />
                    <asp:Button ID="logout" runat="server" Text="退出登录"
                        OnClick="logout_Click" />
                </asp:Panel>
            </td>
        </tr>
        <tr>
            <td bgcolor="#FF8080" class="style1">
                产品目录
            </td>
        </tr>
        <tr>
            <td>
                <asp:TextBox ID="txtSearchName" runat="server"></asp:TextBox>
                <asp:ImageButton ID="ImageButton1" runat="server" ImageUrl=
                "~/ images/search.gif" onclick="ImageButton1_Click" /> 
            </td>
        </tr>
</table>
<table width="140" height="257" cellpadding="0" cellspacing="0" class=
"loginstyle" >
        <tr>
            <td>
                <a href="moreproduct.aspx?lb=数码相机">数码相机</a>
            </td>
            <td>
                <a href="moreproduct.aspx?lb=数码摄像机" >数码摄像机</a>
            </td>
        </tr>
        <tr>
            <td>
                <a href="moreproduct.aspx?lb=数码影音">数码影音</a>
            </td>
            <td>
                <a href="moreproduct.aspx?lb=笔记本电脑">笔记本电脑</a>
            </td>
        </tr>
        <tr>
            <td>
                <a href="moreproduct.aspx?lb=移动存储">移动存储</a>
            </td>
            <td>
                <a href="moreproduct.aspx?lb=数码影音">办公附件类</a>
            </td>
        </tr>
```

```html
        <tr>
            <td>
                <a href="moreproduct.aspx?lb=整机附件">整机附件</a>
            </td>
            <td>
                <a href="moreproduct.aspx?lb=工具配件类">工具配件类</a>
            </td>
        </tr>
        <tr>
            <td>
                <a href="moreproduct.aspx?lb=手机附件">手机附件</a>
            </td>
            <td>
                <a href="moreproduct.aspx?lb=游戏设备类">游戏设备类</a>
            </td>
        </tr>
        <tr>
            <td>
                <a href="moreproduct.aspx?lb=普通手机">普通手机</a>
            </td>
            <td>
                <a href="moreproduct.aspx?lb=电脑耗材类">电脑耗材类</a>
            </td>
        </tr>
        <tr>
            <td>
                <a href="moreproduct.aspx?lb=智能手机">智能手机</a>
            </td>
            <td>
                <a href="moreproduct.aspx?lb=数码附件类">数码附件类</a>
            </td>
        </tr>
        <tr>
            <td>
                <a href="moreproduct.aspx?lb=办公设备">办公设备</a>
            </td>
            <td>
                <a href="moreproduct.aspx?lb=笔记本配件">笔记本配件</a>
            </td>
        </tr>
    </table>
```

（3）在 left.ascx 中设计了登录时和登录后两种显示界面，在登录前可以判断出没有一个 Session，则 Session.Count 为 0，当登录后 Session.Count>0，通过对 Session.Count 的判断显示窗口控件 Pannel1 或 Pannel2，Pannel1 中为登录界面，Pannel2 中为登录后的欢迎界面，具体代码如下：

```csharp
using System;
using System.Web;
using System.Web.UI;
using System.Web.UI.WebControls;
public partial class login : System.Web.UI.UserControl
```

```csharp
{
    protected void Page_Load(object sender, EventArgs e)
    {
        if(Session.Count>0)
        {
            Panel1.Visible = false;
            Panel2.Visible = true;
            Label1.Text = Session["name"] + "欢迎光临";
        }
        else
        {
            Panel2.Visible = false;
            Panel1.Visible = true;
        }
    }
    protected void btnLogin_Click(object sender, EventArgs e)
    {
      if(txtCheck.Text != Request.Cookies["CheckCode"].Value.ToString())
            Response.Write("<script>alert('验证码错误!')</script>");
      else
        {
            string strSQL = "SELECT * FROM [用户表] WHERE 用户名='" +
            txtName.Text + "' AND 密码='" + txtPwd.Text + "'";
         if(DbManager.ExecuteQuery(strSQL).Rows.Count > 0)
            {
                Session["name"] = txtName.Text;
                Label1.Text = txtName.Text + "欢迎光临";
                Panel1.Visible = false;
                Panel2.Visible = true;
             }
           else
                Response.Write("<script>alert('用户名或密码错误!')</script>");
        }
    }
    protected void btnReg_Click(object sender, EventArgs e)
    {
        Response.Redirect("reg.aspx");
    }
    protected void logout_Click(object sender, EventArgs e)
    {
        Panel2.Visible = false;
        Panel1.Visible = true;
        Session.Abandon();
        Session.Clear();
    }
}
```

步骤二：建立母版页

创建新商铺网站，在添加新项时选择新建母版，建立一个名为 Shop.master 的母版，其设计视图只有一个 ContentPlaceHolder。完善母版的内容，如图 9-9 所示，添加一些内容到

ContentPlaceHolder 以外的区域：

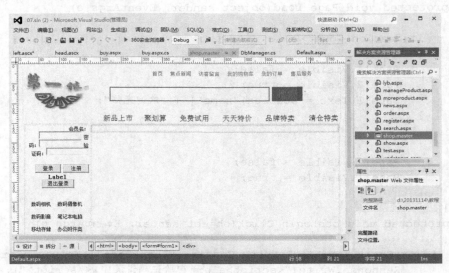

图 9-9 母版页

- 在网页上方加入 head.ascx。
- 在页面中间添加一个 1 行 2 列的表格，左侧单元格中插入 left.ascx，右侧单元格中放置 ContentPlaceHolder1，调整宽度。
- 在页面最下方加入一个 1 行 1 列的表格，设置背景色，添加文字版权信息。

此任务涉及的文件 shop.master 的源码如下：

```
<%@ Master Language="C#" AutoEventWireup="true" CodeFile="shop.master.cs" Inherits="shop" %>
<%@ Register Src="left.ascx" TagName="login" TagPrefix="uc1" %>
<%@ Register src="head.ascx" tagname="head" tagprefix="uc2" %>
<!DOCTYPE html PUBLIC "-//W3C//DTD XHTML 1.0 Transitional//EN" "http://www.w3.org/TR/xhtml1/DTD/xhtml1-transitional.dtd">
<html xmlns="http://www.w3.org/1999/xhtml">
<head runat="server">
<title>欢迎光临第一佳电子商铺</title>
<asp:ContentPlaceHolder ID="head" runat="server">
</asp:ContentPlaceHolder>
<style type="text/css">
.STYLE11{font-size: 9pt;}
    .style3{margin-top: 0px;}
    .style5{width: 767px; height: 407px; margin-top: 0px;}
    .style7{width: 764px; height: 407px; margin-top: 0px;}
</style>
</head>
<body style="margin:0px; padding: 0px" >
    <form id="form1" runat="server" >
    <div align="left">
    <uc2:head ID="head1" runat="server" />
        <table border="0" class="style7" >
            <tr>
```

```
                <td width="153" align="center" valign="top" >
                    <uc1:login ID="login1" runat="server" />
                </td>
                <td valign="top" >
                    <asp:ContentPlaceHolderID=
                    "ContentPlaceHolder1"runat="server">
                    </asp:ContentPlaceHolder>
                </td>
            </tr>
        </table>
        <table width="750" border="0">
            <tr>
                <td bgcolor="#eeeeee">
                    <div align="center" class="STYLE11">CopyRight 2010-2013
                    www.diyijia.com All Rights Reservd<br />
                    版权归中国第一佳网络科技有限公司所有未经许可不得抄袭本站所有图
                    片和内容<br />苏 ICP 备 80<span lang="zh-cn"
                    xml:lang="zh-cn">00</span>88<spanlang="zh-cn"
                    xml:lang="zh-cn">8</span>8 号
                    </div>
                </td>
            </tr>
        </table>
    </div>
    </form>
</body>
</html>
```

步骤三：创建基于母版的子网页

基于母版新建一个扩展名为.aspx 的子网页，注意与原来新建普通网页不同的是在"添加新项"对话框中勾选"选择母版页"复选框，如图 9-10 所示。

图 9-10　创建基于母版的网页

在弹出的对话框中选择 shop.master 后单击"确定"按钮。这时生成了一个网页，其中已经具有母版中的所有内容,这些内容此时不可编辑,只能添加新内容到 ContentPlaceHolder1 中,例如:图 9-11 中表示在新建的网页 aboutus.aspx 中添加了"我们的联系方式"的相关内容。

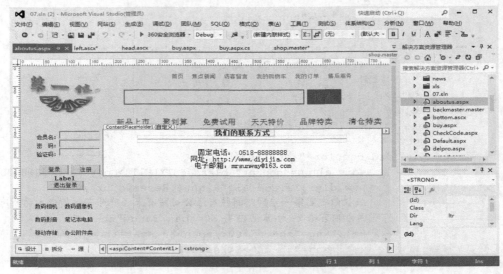

图 9-11 由母版生成一个子网页

母版生成的子网页 aboutus.aspx 的代码:

```
<%@ Page Language="C#" MasterPageFile="~/shop.master" AutoEventWireup=
"true" CodeFile="aboutus.aspx.cs" Inherits="aboutus" Title="Untitled Page" %>
<asp:Content ID="Content1" ContentPlaceHolderID="ContentPlaceHolder1"
Runat="Server">
    <strong>我们的联系方式</strong>
    <hr width="75%" />
    <br />固定电话: 0518-88888888<br />
    网址: http://www.diyijia.com<br />电子邮箱: mrsunway@163.com<br />
</asp:Content>
```

在这个页面的代码中,包括一个 Page 指令<%@ Page Language="C#" MasterPageFile= "~/shop.master" AutoEventWireup="true" CodeFile="aboutus.aspx.cs" Inherits="aboutus" Title= "Untitled Page" %>,表示该页由母版生成,但是注意子页中没有<hmtl>、<form>、<head>和标签<ContetnPlace Holder>标签,所有自己添加的内容均显示在 ContentPlaceHolder1 的内部。

母版页的修改:在母版页 shop.master 中修改左侧链接,分别链接到 test.aspx、test2.aspx 等,保存母版页,基于这个母版页生成的网页自动更新。

预览基于母版页 shop.master 生成的网页,发现各网页结构一致。

知识提炼

使用母版页技术可以方便统一网站布局和风格,如果要修改网站布局或风格,只要到母版页中修改页面的颜色、字体,以及页面内容的摆放,就可以将站点内所有基于该母版页的网页全部修改。不需要为了改变一种风格,就去修改成千上万的页面和代码,这大大方便了网页的更新与维护。

母版一般的扩展名是.master,它提供了共享 HTML、控件和代码,在 VS 2008 自动生成母版的文件头<head></head>中和文件体<body></body>中各自预留了一个 ContentPlaceHolder

控件，也可以根据需要添加更多的 ContentPlaceHolder 控件，但是各个 ContentPlaceHolder 控件的 ID 不能相同，以便区分使用。母版制作完成后可以供网站内其他页面使用，在母版中的所有内容都会显示在使用该母版的网页中。一般可以在母版中添加网站 Logo、菜单，其他网页基于这个母版生成，则这些新生成的子网页中都会有母版中的内容，而各个子网页不同之处在于母版中预留的 ContentPlaceHolder 中可以填充不同的内容。

任务三　网站首页的设计——母版页应用

任务描述

设计网站首页，上侧和左侧显示母版页中内容，右侧显示最新商铺新闻、分栏显示最新商品的图片和标题，并可以链接到详细显示页面，如图 9-12 所示。

图 9-12　首页最终显示效果

知识目标

练习综合布局、快捷分栏显示、最新新闻显示等知识。

技能目标

掌握表格布局和 Div 定位的方法。

任务实现

步骤一：界面设计

（1）新建 Web 窗体 default.aspx，注意选择新建对话框中的"选择母版"，选择任务二中建立的母版 Shop.master。在新建网页中只有 ContentPlaceHolder1 控件可以编辑，在其中添加一个 1 行 2 列的表格，在左侧的单元格上面内嵌一个一行两列的小表格显示"热点促销"和添加文字"更多>>>"（链接到显示更多商品的 more.aspx 页面），内嵌表格下部显示最新的 7 条新闻（可以用 Access 数据源控件的方法或者用手工编程的方法实现），类似的构造最新商品表格，在此为让读者更好的理解，在新闻部分使用手工编写后台代码的方式，最新商品展示使用 Access 数据源控件的方式实现，拖动一个 Repeater 控件到热点促销下面，再拖动一个 Access 数据源控件和一个 DataList 控件到最新商品下面。效果如图 9-13 所示。

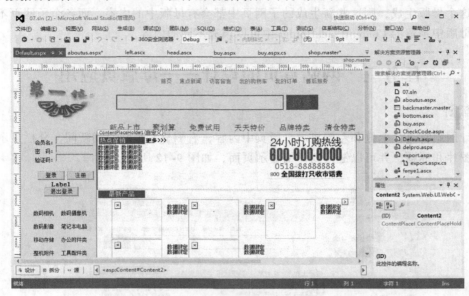

图 9-13 网站首页的设计界面

（2）配置 Access 数据源控件为 AccessDataSource1，链接到商品数据库 App_Data\db1.mdb，自定义查询语句为"SELECT top 12 bh,title,pic FROM product ORDER BY bh DESC"，表示查询最新加入的 9 条商品记录。指定 DataList 1 的数据源为 AccessDataSource1，并设置属性中 RepeatColumns="3"（一行显示 3 列），RepeatDirection="Horizontal"（水平方向显示）。设置 DataList 的模板，将图像字段的图像名转换成图像地址中的一部分，同时将商品的标题 Title 和图像链接到显示商品详细信息的网页 show.aspx，编号 id 做为链接参数。生成的代码文件如下：

```
<%@ Page Title="" Language="C#" MasterPageFile="~/shop.master" AutoEventWireup="true" CodeFile="Default.aspx.cs" Inherits="_Default" %>
<asp:Content ID="Content1" ContentPlaceHolderID="head" runat="Server">
<style type="text/css">
        .style23{width: 116px; height: 94px;}
        .style24{width: 600px; height: 132px;}
        .style25{width: 104px;}
        .style26{width: 598px;}
        .style27{width: 106px;}
</style>
</asp:Content>
<asp:Content ID="Content2" ContentPlaceHolderID="ContentPlaceHolder1" runat="Server">
<table style="font-size: 9pt" class="style24">
    <tr>
        <td valign="top" align="left">
            <table>
```

```html
            <tr>
                <td class="style25" style="font-size: 11pt; color: #FFFFFF;
                    background-color: #FF0000; border-width: 0px">
                    热点促销</td>
                <td style="font-size: 9pt; border-width: 0px; background- image:
                    url('images/line.GIF');    width: 178px;"><b><a
                    href="news\more.aspx">更多 &gt;&gt;&gt;</a></b>
                </td>
            </tr>
        </table>
        <asp:Repeater ID="Repeater1" runat="server">
        <ItemTemplate>
            <a href="news\show.aspx?id=<%#Eval("id") %>"
                target="_blank"><%#Eval("title")%></a>
            <%#Eval("AddTime","{0:d}") %><br />
        </ItemTemplate>
        </asp:Repeater>
    </td>
    <td valign="top">
        <img alt="电话" src="images/TEL.gif" />
    </td>
</tr>
</table>
<table class="style26">
    <tr>
        <td class="style27" style="font-size: 11pt; color: #FFFFFF;
            background-color: #FF0000; border-width: 0px">最新商品</td>
        <td style="background-image: url('images/line.GIF')"> </td>
    </tr>
</table>
<asp:DataList ID="DataList1" runat="server" DataKeyField="bh"
DataSourceID="AccessDataSource1" RepeatColumns="3"
RepeatDirection ="Horizontal">
<ItemTemplate>
    <a href="show.aspx?id=<%# Eval("bh") %>">
    <img src="images/<%#Eval("pic")%>" class="style23" align="left"
    style="border-style: none" /><br />  <span>
    <asp:Label ID="titleLabel" runat="server" Text='<%#
    Eval("productName") %>' /><br /> 
    <asp:Label ID="priceLabel" runat="server" Text='<%# Eval("price") %>'
    />
    </span>
    </a>
</ItemTemplate>
</asp:DataList>
<asp:AccessDataSource ID="AccessDataSource1" runat="server"
DataFile="~/App_Data/shop.mdb"SELECTCommand="SELECT top 9 [bh], [pic],
[price], [productName] FROM [product]">
</asp:AccessDataSource>
</asp:Content>
```

步骤二：在程序文件中编写代码

切换到程序文件 defautl.aspx.cs 中，添加如下代码：

```csharp
using System;
using System.Collections.Generic;
using System.Web;
using System.Web.UI;
using System.Web.UI.WebControls;
public partial class _Default : System.Web.UI.Page
{
    protected void Page_Load(object sender, EventArgs e)
    {
        string strSQL = "SELECT top 7 * FROM news ORDER BY id DESC";
        Repeater1.DataSource =DbManager.ExecuteQuery(strSQL);
        Repeater1.DataBind();//绑定到最新新闻的Repeater上
    }
}
```

知识提炼

（1）页面布局。在网站首页，考虑到一般商铺网站的设计特点，在设计时基于母版页生成 default.aspx，在此页面中实际可使用空间是右侧，在右侧的上部显示新闻和热线电话，下部用于产品展示，这样的布局设计既可以使首页内容丰富又可以显示最新信息，可以有效地提高吸引力。

（2）在最新新闻和最新商品两个功能的设计上可以全部用手工编写代码实现，也可以使用数据源控件和数据显示控件 DataList 的方式实现，这可以根据需要选择，不管使用哪种方式，关键是设置 DataList 的属性，使其带呈现多栏的显示效果。在此任务中两种方法分别使用了一次，读者可以修改为全部使用快捷方式或全部使用手工编写代码方式。

任务四　网站后台管理页面设计——TreeView 控件

网站后台管理页面由于使用的人仅限于网站管理员，因此在界面设计上不需要花费太多精力，简单就好，但一定要功能完善，操作方便。

任务描述

如图 9-14 所示，设计后台母版页，将后台管理功能的导航栏设计在页面左侧，方便管理员操作。

知识目标

掌握后台管理页面的设计原则。

技能目标

掌握母版页设计方法和 TreeView 控件的使用方法。

图 9-14 后台管理页面

任务实现

步骤一：添加母版页

在网站中添加母版页 backmaster.master，母版页页眉设计简单，仅放置一个标题和网站的 Logo。

步骤二：添加 TreeView 控件，并设置导航栏

在母版页的左侧添加控件 TreeView1，打开 TreeView1 右侧菜单，如图 9-15 所示，选择自动套用格式，在自动套用格式对话框中选择喜欢的格式，本例中选择了"箭头 2"，如图 9-16 所示；单击图 9-15 中的"编辑节点"，打开 TreeView1 节点编辑器，如图 9-17 所示，在添加新节点后要设置节点的属性，通常情况下，只考虑三个属性 Text 属性（节点显示文本）、Value 属性（节点的值）和 NavigateUrl 属性（节点被选中时定位到的 URL）。

图 9-15 TreeView 任务

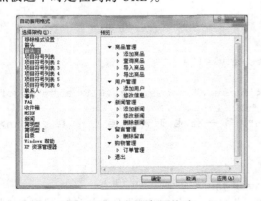

图 9-16 自动套用格式

图 9-17 TreeView 节点编辑器

代码如下：

```
<%@ Master Language="C#" AutoEventWireup="true" CodeFile="backmaster.master.cs"
Inherits="backmaster" %>

<%@ Register src="bottom.ascx" tagname="bottom" tagprefix="uc1" %>
<!DOCTYPE html>
<html xmlns="http://www.w3.org/1999/xhtml">
<head runat="server">
<meta http-equiv="Content-Type" content="text/html; charset=utf-8"/>
<title></title>
<asp:ContentPlaceHolder id="head" runat="server">
</asp:ContentPlaceHolder>
    <style type="text/css">
        .auto-style1 {
        width: 1000px;
        }
        .auto-style2 {
        width:200px;
        text-align: center ;
        }
        .style3
        {
        width:800px;
        font-size: 9pt;
        text-align: center ;
        }
        .auto-style4 {
        font-size: small;
        text-align: center ;
        }
        .auto-style5 {
        font-size: xx-large;
        color: #3366FF;
        }
    </style>
</head>
<body>
<center>
<form id="form1" runat="server">
    <table align="center" class="auto-style1">
        <tr>
            <td colspan="2"><center><img src="images/logo.GIF" alt="logo"
            style= "height: 46px; width: 179px" />
            <span  class="auto-style5">第 一 佳 电 子 商 铺 后 台 管 理 </span>
            </center></td>
        </tr>
        <tr>
            <td class="auto-style2" valign="top">
            <asp:TreeView ID="TreeView1" runat="server" ImageSet="Arrows"
            Width= "151px" style="text-align: left">
```

```
<HoverNodeStyle Font-Underline="True" ForeColor="#5555DD" />
<Nodes>
<asp:TreeNode Text="商品管理" Value="商品管理">
<asp:TreeNode NavigateUrl="~/insertpro.aspx" Text="添加商品"
Value="添加商品"></asp:TreeNode>
<asp:TreeNode Text="查询商品" Value="查询商品" NavigateUrl=
"~/selectpro.aspx"></asp:TreeNode>
<asp:TreeNode Text="导入商品" Value="批量导入商品" NavigateUrl=
"~/import.aspx"></asp:TreeNode>
<asp:TreeNode Text="导出商品" Value="批量导出商品" NavigateUrl=
"~/export.aspx"></asp:TreeNode>
</asp:TreeNode>
<asp:TreeNode Text="用户管理" Value="用户管理">
<asp:TreeNode Text="添加用户" Value="添加用户" NavigateUrl=
"~/insertuser.aspx"></asp:TreeNode>
<asp:TreeNode NavigateUrl="~/updateuser.aspx" Text="修改信息"
Value="修改信息"></asp:TreeNode>
</asp:TreeNode>
<asp:TreeNode Text="新闻管理" Value="新闻管理">
<asp:TreeNode NavigateUrl="~/news/insert.aspx" Text="添加新闻
" Value="添加新闻"></asp:TreeNode>
<asp:TreeNode NavigateUrl="~/news/edit.aspx" Text="修改新闻"
Value="修改新闻"></asp:TreeNode>
<asp:TreeNode NavigateUrl="~/news/del.aspx" Text="删除新闻"
Value="删除新闻"></asp:TreeNode>
</asp:TreeNode>
<asp:TreeNode Text="留言管理" Value="留言管理">
<asp:TreeNode NavigateUrl="~/lyb/del.aspx" Text="删除留言"
Value="删除留言"></asp:TreeNode>
</asp:TreeNode>
<asp:TreeNode Text="购物管理" Value="购物管理">
<asp:TreeNode NavigateUrl="~/ddmanager.aspx" Text="订单管理"
Value="订单管理"></asp:TreeNode>
</asp:TreeNode>
<asp:TreeNode Text="退出" Value="退出"></asp:TreeNode>
</Nodes>
<NodeStyle Font-Names="Tahoma" Font-Size="10pt" ForeColor=
"Black" HorizontalPadding="5px" NodeSpacing="0px" VerticalPadding
="0px" />
<ParentNodeStyle Font-Bold="False" />
<SelectedNodeStyle Font-Underline="True" ForeColor="#5555DD"
HorizontalPadding="0px" VerticalPadding="0px" />
</asp:TreeView>
</td>
<td valign="top">
<asp:ContentPlaceHolder id="ContentPlaceHolder1" runat="server">
</asp:ContentPlaceHolder>
</td>
```

```
            </tr>
        </table>
        <span class="auto-style4">CopyRight 2010-2013 www.diyijia.com All Rights Reservd
        </span>
        <br class="auto-style4" />
        <span class="auto-style4">版权归中国第一佳网络科技有限公司所有   未经许可不得抄袭本站所有图片和内容
        </span>
        <br class="auto-style4" />
        <span class="auto-style4">苏ICP备80008888号</span></td>
    </form>
    </center>
    </body>
    </html>
```

知识提炼

TreeView 属性简介：

（1）autoselect="false"：当访问者在 treeview 控件中对节点进行定位时，可以使用键盘上的箭头来进行定位。属性值为"false"，则不允许这样做。

（2）showplus="true"：当两个节点收到一起的时候，你可以显示一个加号（+），访问者就知道这个节点可以展开，该属性值为"true"将使用加号，否则不使用。

（3）showlines="true"：在一个 treeview 控件中的两个节点之间，可以显示一些线长，为"true"显示。

（4）expandlevel=2：用来定义 treeview 控件的层次结构展开的级别数。

（5）navigateurl：点击节点时的跳转网址。

（6）index：获取树节点在树节点集合中的位置。

（7）nodes：获取分配给树视图控件的树节点集合。

（8）parent：获取或设置控件的父容器。

（9）selectednode：获取或设置当前在树视图控件中选定的树节点。

（10）text：获取或设置在树节点标签中显示的文本。

（11）expand：展开树节点。

（12）clear：清空树。

（13）remove：移除当前树节点。

（14）checked：用以指明该树节点是否处于选中状态。

任务五　商品管理的嵌入——页面添加母版页

任务描述

商品管理的功能已经做好，在此只需嵌入到网站中即可，为了保持网站的风格统一，需将商品管理的所有网页使用母版页，如图 9-18 所示。

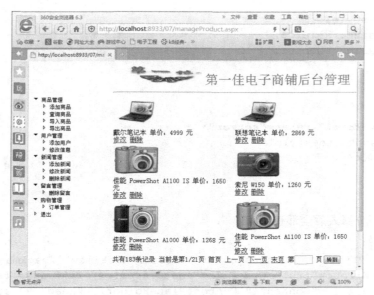

图 9-18 嵌入在商铺中的商品管理

知识目标

掌握嵌入框架的使用方法。

技能目标

掌握代码添加母版页的方法。

任务实现

步骤一：新建一个应用母版页的页面

新建一个应用母版页 backmaster.master 的页面 default2.aspx，复制源代码：

```
<%@ Page Title="" Language="C#" MasterPageFile="~/backmaster.master" AutoEventWireup="true" CodeFile="Default2.aspx.cs" Inherits="Default2" %>
<asp:Content ID="Content1" ContentPlaceHolderID="head" Runat="Server">
</asp:Content>
<asp:Content ID="Content2" ContentPlaceHolderID="ContentPlaceHolder1" Runat="Server">
</asp:Content>
```

其中加粗倾斜部分的文字是待修改部分。

步骤二：将代码复制到待修改网页中，进行调整

待修改网页源码：

```
<%@ Page Language="C#" AutoEventWireup="true" CodeFile="test3.aspx.cs" Inherits="test3" %>
<!DOCTYPE html>
<html xmlns="http://www.w3.org/1999/xhtml">
<head runat="server">
<meta http-equiv="Content-Type" content="text/html; charset=utf-8"/>
<title></title>
<style type="text/css">
```

```
        .auto-style1 {
            font-size: x-large;
            text-align: center;
        }
</style>
</head>
<body>
<form id="form1" runat="server">
<div class="auto-style1">
        测试</div>
</form>
</body>
</html>
```

加粗倾斜部分修改后全部被删除。

修改后源码：

```
<%@ Page Title="" Language="C#" MasterPageFile="~/backmaster.master" AutoEventWireup="true" CodeFile="test3.aspx.cs" Inherits="test3" %>
<asp:Content ID="Content1" ContentPlaceHolderID="head" Runat="Server">
<style type="text/css">
    .auto-style1 {
    font-size: x-large;
    text-align: center;
    }
</style>
</asp:Content>
<asp:Content ID="Content2" ContentPlaceHolderID="ContentPlaceHolder1" Runat="Server">
<div class="auto-style1">
        测试</div>
</asp:Content>
```

加粗倾斜部分是原网页保留部分，其余部分是使用母版页的固定格式，修改后效果如图 9-19 所示，参照此方法修改商品管理的其他网页。

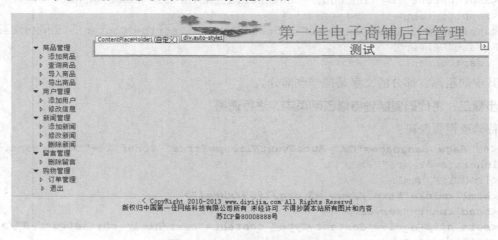

图 9-19 添加母版页测试页面

知识提炼

准备好母版页的格式，粘贴到待修改的网页顶端，手动添加母版页，可以分为四步走：

（1）替换格式中的 CodeFile="" Inherits="" 属性。

（2）复制样式表放入 <asp:Content ID="Content1" ContentPlaceHolderID="head" Runat="Server"> 和 </asp:Content> 之间。

```
<asp:Content ID="Content1" ContentPlaceHolderID="head" Runat="Server">
<style type="text/css">
    .auto-style1 {
    font-size: x-large;
    text-align: center;
    }
</style>
</asp:Content>
```

（3）复制 <form id="form1" runat="server"> 和 </form> 之间的网页主体部分，粘贴到 <asp:Content ID="Content2" ContentPlaceHolderID="ContentPlaceHolder1" Runat="Server"> 和 </asp:Content> 之间。

```
<asp:Content ID="Content2" ContentPlaceHolderID="ContentPlaceHolder1" Runat="Server">
<div class="auto-style1">
测试</div>
</asp:Content>
```

（4）删除原网页代码。

任务六　新闻系统、留言板的嵌入——iframe 框架应用

任务描述

新闻系统和留言板是事先做好的，在此只须嵌入到网页中即可，如图 9-20 所示。

图 9-20　嵌入在商城中的留言板

知识目标

掌握嵌入框架的使用方法。

技能目标

掌握内嵌框架 iframe 的使用方法。

任务实现

基于模板页 shop.master，新建一个网页 lyb.aspx，在此页面的源代码视图中，实现如下代码：

```
<%@ Page Title="" Language="C#" MasterPageFile="~/shop.master" AutoEventWireup="true" CodeFile="lyb.aspx.cs" Inherits="lyb" %>
<asp:Content ID="Content1" ContentPlaceHolderID="head" Runat="Server">
<style type="text/css">
    .style3{height: 490px; }
    .style8 {height: 490px; width: 573px; text-align: left; margin-top: 0px; }
</style>
</asp:Content>
<asp:Content ID="Content2" ContentPlaceHolderID="ContentPlaceHolder1" Runat="Server">
<iframe src="lyb/add2.aspx" frameborder="0" class="style8" ></iframe>
</asp:Content>
```

其中的代码<iframe src="lyb/add2.aspx" frameborder="0" class="style8" ></iframe>是将留言板文件平 lyb 下的添加留言 add2.aspx 以内嵌框架的方式嵌入到当前网页中。

最终设计界面如图 9-21 所示。

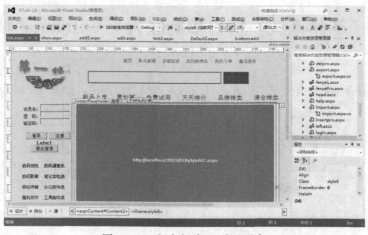

图 9-21　留言板嵌入到网页中

新闻系统的首页也是采用同样的方法嵌入到商铺中，新建一个 news.aspx，其源代码最终为：

```
<%@ Page Title="" Language="C#" MasterPageFile="~/shop.master" AutoEventWireup="true" CodeFile="news.aspx.cs" Inherits="news" %>
<asp:Content ID="Content1" ContentPlaceHolderID="head" Runat="Server">
<style type="text/css">
.style3{height: 479px;}
</style>
</asp:Content>
```

```
<asp:Content ID="Content2" ContentPlaceHolderID="ContentPlaceHolder1"
Runat="Server">
<iframe src="news/more.aspx" frameborder="0" width="594px" class="style3" >
</iframe>
</asp:Content>
```

知识提炼

嵌入式框架：

嵌入式框架的主要语法：\<iframe src="内嵌文件名" >\</iframe>。

正确使用嵌入式框架可以给网站的创建带来许多方便，比如当单击某个在线播放的 MP3 文件时，就可以使用嵌入式框架进行局部刷新。

嵌入式框架可用的主要属性如下：

Name：键入嵌入式框架的名称。

Src：设置或更改嵌入式框架的初始网页（初始网页：当网站访问者浏览到包含框架的框架网页时，最初显示在该框架中的网页。

Title：键入嵌入式框架的标题。

marginheight/marginwidth：以像素为单位设置框架的边距。

Frameborder：是否希望嵌入式框架周围有边框。

width/height：以像素或百分比形式设置框架的宽度或长度。

scrolling：设置用于显示滚动条的首选参数。

使用嵌入式框架的方式将新闻和留言板添加到现有的商铺管理系统中是比较简单的一种方式，但存在的问题是构架内的信息显示比较慢，也可以使用新建文件的方式重新设计留言板和新闻系统。

任务七　用户积分管理——判断语句和 SQL 语句应用

任务描述

客户购买商品交易完成后，为客户加上等量的积分，当客户积分达到 1 万积分，购买商品时减免 3%，达到 5 万积分，购买商品时减免 5%，达到 10 万积分，购买商品时减免 8%。

知识目标

熟悉修改和查询的基本原理。

技能目标

掌握 Update 和 Select 的使用方法。

任务实现

本任务所有的操作没有界面显示，使用代码即可完成，代码放在交易确认按钮的事件过程。
代码如下：

```
        //商品打折
string name = Session ["name"].ToString ();
string str = "select 积分 from 用户表 where 用户名='" + name + "'";
```

```
int credit=Convert.ToInt32(DbManager.ExecuteScalar(str));
if (credit >= 10000)
    price = Convert.ToInt16(price * 0.97);
if (credit >= 50000)
    price = Convert.ToInt16(price * 0.95);
if (credit >= 100000)
    price = Convert.ToInt16(price * 0.92);
//修改积分
string str2 = "update 用户表 set 积分=积分 + " + price + " where 用户名='" + name + "'";
DbManager.ExecuteNonQuery(str2);
```

其中 price 是交易价格，Session["name"]是用户名，前一段实现了商品的打折，后一段实现了积分修改，两端代码可以根据需要调整次序。

知识提炼

Convert 类返回值与指定类型的值等效的类型。受支持的基类型是 Boolean、Char、SByte、Byte、Int16、Int32、Int64、UInt16、UInt32、UInt64、Single、Double、Decimal、DateTime 和 String。其方法包括表 9-1 所示内容。

表 9-1 方法及说明

名称	说明
ChangeType	已重载。返回具有指定类型而且其值等效于指定对象的 Object
Equals	已重载。确定两个 Object 实例是否相等。（从 Object 继承）
FromBase64CharArray	将 Unicode 字符数组的子集（它将二进制数据编码为 Base 64 数字）转换成等效的 8 位无符号整数数组。参数指定输入数组的子集以及要转换的元素数
FromBase64String	将指定的 String（它将二进制数据编码为 Base 64 数字）转换成等效的 8 位无符号整数数组
GetHashCode	用作特定类型的哈希函数。GetHashCode 适合在哈希算法和数据结构（如哈希表）中使用。（从 Object 继承）
GetType	获取当前实例的 Type。（从 Object 继承）
GetTypeCode	返回指定对象的 TypeCode
IsDBNull	返回有关指定对象是否为 DBNull 类型的指示
ReferenceEquals	确定指定的 Object 实例是否是相同的实例。（从 Object 继承）
ToBase64CharArray	已重载。将 8 位无符号整数数组的子集转换为用 Base 64 数字编码的 Unicode 字符数组的等价子集
ToBase64String	已重载。将 8 位无符号整数数组的值转换为它的等效 String 表示形式（使用 Base 64 数字编码）
ToBoolean	已重载。将指定的值转换为等效的布尔值
ToByte	已重载。将指定的值转换为 8 位无符号整数
ToChar	已重载。将指定的值转换为 Unicode 字符
ToDateTime	已重载。将指定的值转换为 DateTime
ToDecimal	已重载。将指定值转换为 Decimal 数字
ToDouble	已重载。将指定的值转换为双精度浮点数字
ToInt16	已重载。将指定的值转换为 16 位有符号整数

续表

名称	说明
ToInt32	已重载。将指定的值转换为 32 位有符号整数
ToInt64	已重载。将指定的值转换为 64 位有符号整数
ToSByte	已重载。将指定的值转换为 8 位有符号整数
ToSingle	已重载。将指定的值转换为单精度浮点数字
ToString	已重载。将指定值转换为其等效的 String 表示形式
ToUInt16	已重载。将指定的值转换为 16 位无符号整数
ToUInt32	已重载。将指定的值转换为 32 位无符号整数
ToUInt64	已重载。将指定的值转换为 64 位无符号整数

任务八 商品售后服务——聊天室应用

任务描述

为客服和客户提供直接交流的平台，能更好地为客户服务，同时也为客户之间进行交流提供方便，如图 9-22 所示。

图 9-22 售后服务界面

知识目标

了解聊天室的工作原理。

技能目标

掌握聊天室实现的方法。

任务实现

本系统的售后服务采用聊天室来实现。

步骤一：设计客服界面

新建文件 customservice.aspx，在页面上添加 GridView 控件、Textbox 控件、Button 控件，打开 GridView 控件右上角的菜单，如图 9-23 所示，打开数据源下拉列表框，选择新建数据源，在选择数据源类型对话框中选择"SQL 数据库"，如图 9-24 所示，按照提示选择数据连接 accessConn，在配置 Select 语句对话框中，选择数据表"客服"，选择需要显示的字段，并按 id 降序排序，如图 9-25 所示。

图 9-23 GridView 任务

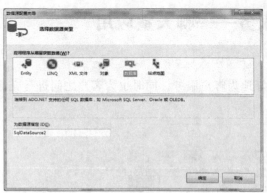

图 9-24 选择数据源类型

图 9-25 配置 select 语句

代码如下：

```
<%@ Page Title="" Language="C#" MasterPageFile="~/shop.master" AutoEventWireup="true" CodeFile="customservice.aspx.cs" Inherits="customservice" %>
<asp:Content ID="Content1" ContentPlaceHolderID="head" Runat="Server">
</asp:Content>
<asp:Content ID="Content2" ContentPlaceHolderID="ContentPlaceHolder1" Runat="Server">
<asp:GridView ID="GridView1" runat="server" AllowPaging="True" AutoGenerateColumns="False" BackColor="White" BorderColor="#3366CC" BorderStyle="None" BorderWidth="1px" CellPadding="4" DataSourceID="SqlDataSource1" Height="367px" Width="574px">
    <Columns>
        <asp:BoundField DataField="用户名" HeaderText="用户名" SortExpression="用户名" />
        <asp:BoundField DataField="留言" HeaderText="留言" SortExpression="留言" />
        <asp:BoundField DataField="时间" HeaderText="时间" SortExpression="时间" />
    </Columns>
    <FooterStyle BackColor="#99CCCC" ForeColor="#003399" />
    <HeaderStyle BackColor="#003399" Font-Bold="True" ForeColor="#CCCCFF" />
```

```
            <PagerStyle BackColor="#99CCCC" ForeColor="#003399" HorizontalAlign=
"Left" />
            <RowStyle BackColor="White" ForeColor="#003399" />
            <SelectedRowStyle  BackColor="#009999"  Font-Bold="True"  ForeColor=
"#CCFF99" />
            <SortedAscendingCellStyle BackColor="#EDF6F6" />
            <SortedAscendingHeaderStyle BackColor="#0D4AC4" />
            <SortedDescendingCellStyle BackColor="#D6DFDF" />
            <SortedDescendingHeaderStyle BackColor="#002876" />
</asp:GridView>
<asp:SqlDataSource ID="SqlDataSource1" runat="server" ConnectionString=
"<%$ ConnectionStrings:accessConn %>" ProviderName="<%$ ConnectionStrings:
accessConn.ProviderName %>" SelectCommand="SELECT [用户名], [留言], [时间]
FROM [客服] ORDER BY [ID] DESC"></asp:SqlDataSource>
<br />
我要说话: <asp:TextBox ID="TextBox1" runat="server" Height="79px" style=
"margin-left: 0px" TextMode="MultiLine" Width="330px"></asp:TextBox>
<asp:Button ID="Button1" runat="server" OnClick="Button1_Click" Text="
说话" />
</asp:Content>
```

步骤二：编写程序代码

在 Button 按钮的 click 事件中添加如下代码：

```
protected void Button1_Click(object sender, EventArgs e)
{
    string yhm = Session["name"].ToString ();
    string ly=TextBox1 .Text ;
    DateTime dt=DateTime .Now ;
    string str = "insert into 客服(用户名,留言,时间) values('" + yhm + "','"
+ ly + "','" + dt + "')";
    DbManager.ExecuteNonQuery(str);
    GridView1.DataBind();
}
```

思考与练习

（1）对淘宝网进行系统分析，绘制淘宝网的功能结构图。

（2）根据题（1）中的分析结果，为淘宝网设计母版页（不必照搬淘宝网）。

（3）每位同学选择一个主题店铺，命名为"我的店铺"，分析店铺需求，并绘制功能结构图。

（4）为"我的网站"设计母版页，要求至少前台、后台各一个页面。

（5）采用修改代码的方式，为留言板模块添加母版页。

（6）制作聊天室，要求先登录后聊天，聊天过程中显示：聊天内容、个性头像、时间、姓名等信息。

单元 10 网站优化与发布

知识目标

（1）网站的优化原则；
（2）网站的编译发布原理。

技能目标

（1）网站的优化的方法；
（2）网站的编译发布方法；
（3）域名和网站空间的申请。

一个 ASP.NET 网站在上传之前，一般还要经过优化测试、编译发布、域名和空间申请等步骤，最后才是上传。

任务设计

将已完成的电子商铺网站优化、发布。

任务分解

为了实现上述功能要求，将优化发布分解成三个任务：
任务一：网站发布前的优化。
采用各种优化手段，对网站进行优化。
任务二：网站的编译发布。
使用 Visual Studio 2012 对网站编译发布。
任务三：申请域名和空间。
申请域名、租用空间，将网站上传到空间并配置相关参数。

任务一　网站发布前的优化

任务描述

经过优化后，网站运行速度会有明显提升。

知识目标

了解网站优化原则。

技能目标

掌握常见的优化手段。

任务实现

一个网站设计完成以后，一般要进行一些优化再进行上传发布，进行网站优化的目的是为了更好的提高网站的性能，在访问人数较多时不至于出现服务器压力过大的情况。

步骤一：禁用调试模式

打开 web.config，设置 <compilation debug="flase"/>。

在开发调试阶段时为方便调试，应该将 debug 设置为 true，但在部署网站之前，一定要在 web.config 中禁用调试模式，即<compilation debug="flase"/>，这个设置对网站性能影响较大。

步骤二：减少使用服务器控件

少用服务器控件在一定程度上会提高网站的性能，检查网站中有不有不是必须使用服务器控件的地方，如网站中显示静态信息时可以用<div>代替而不用 Label 控件。

步骤三：使用 IsPostBack。

网页要避免不必要的服务器往返过程，添加 IsPostBack 可以判断是否让有关代码只在第一次加载时运行，这可以在一定程度上提高页面运行性能。

步骤四：对连接字符串时的优化

分析将网站中字符串连接替换为 StringBuilder 的形式。

这是因为在进行字符串连接时，string str = str1 + str2 +…用 StringBuilder 来代替 string 类，即使用如下形式进行优化，可以大大提高字符串的连接速度：

usingSystem.Text;
StringBuilderstr = new StringBuilder("");
str.Append("世界");
str.Append("人民");
str.Append("大团结");

步骤五：字符串操作性能优化

使用值类型的 ToString 方法可以避免装箱操作，从而提高应用程序性能。检查商铺代码中所有使用"+"号进行字符串连接的情况。

使用值类型的 ToString 方法：在连接字符串时，经常使用"+"号直接将数字添加到字符串中。这种方法虽然简单，也可以得到正确结果，但是由于涉及不同的数据类型，数字需要通过装箱操作转化为引用类型才可以添加到字符串中。而且装箱操作对性能影响较大，因为在进行这类处理时，将在托管堆中分配一个新的对象，将原有的值复制到新创建的对象中。

步骤六：优化数据库访问

数据库访问性能优化是一项重要的工作，其中比较重要的是数据库的连接和关闭。在建立数据库连接后只有在真正需要操作时才打开连接，使用完毕后马上关闭，从而尽量减少数据库连接打开的时间，避免出现超出连接限制的情况。

知识提炼

网站的优化还有很多种方法，如恰当使用缓存、优化视图状态、不要依赖代码中的异常、多用存储过程、优化 SQL 语句、当不需要使用 Session 的时候及时关闭、将 SqlDataReader 类用于快速只进数据游标、使用 Page.IsPostback 避免对往返过程执行不必要的处理、适当地使用公共语言运行库的垃圾回收器和自动内存管理等，在此不再赘述，详细情况请参阅有关书籍。

任务二　网站的编译发布

任务描述

将现有的网站编译发布。

知识目标

掌握编译发布技术。

技能目标

掌握 Visual Studio 2012 中发布网站的方法。

任务实现

（1）Visual Studio 2012 中单击"生成"菜单下的"发布网站"，弹出图 10-1 所示的对话框。

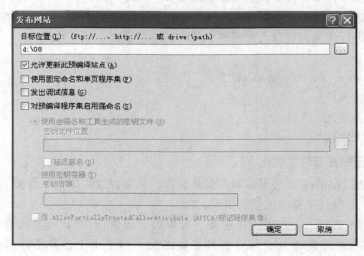

图 10-1　发布网站

（2）修改发布目标位置，可以是本地磁盘，也可以是 FTP、HTTP 等远程位置。其他参数根据需要选择，本处更改发布目标位置为 D:\10，单击"确定"按钮，网站编译发布到文件夹 D:\10。

（3）打开 D:\10 后可以发现所有的.cs 文件没有了，出现了一个 bin 文件夹，其中有一些 DLL 文件和.compiled 文件，发布完成，准备上传。

知识提炼

在网站经过设计、优化之后就要进行编译发布了，编译发布站点对提高站点服务的整体性能会有较大的提升，编译成 DLL 后，对源代码的保密性也有一定程度的提高。

1. 编译发布选项

（1）允许更新此预编辑站点。选中这一项后，编译出来的包括 aspx 文件和 dll。不选中这一项，编译出来的 aspx 中没有界面信息，只有静态文本，就是不允许发布后修改页面。为了不让用户在第一次打开页面时感受到明显的延迟。可以使用"完全预编译方式"。如果是想此编译方式具有最大的安全性，应取消选择"允许更新此预编译站点"。这样代码文件（即 cs 文件）和内容文件（即 aspx）都会预编译。

（2）使用固定命名和单页程序集。编译出很多名字固定的 dll。

（3）对预编辑程序集启用强命名。多数情况下，完全预编译方式正是所需要的方式。但是有时候因为内容文件变化不大，可能希望在网站发布后。不用每次把所有的代码与内容文件全部编译。也许内容文件就不用再次编译。只须编译代码文件即可，这种情况下，就选中"允许更新此预编译站点"，这种方式称为"只预编译代码文件"方式，此方式与"完全预编译方式"相比较，只有一点区别，即内容文件仍是原始版本。而不是存根版本，其他效果相同，在内容文件发布后也可以对其进行编辑，其变动在以后的请求到来时起作用，对于访问此站的用户来说是透明的。

2. 改善发布功能

Visual Studio 自带的发布功能比较弱，可以使用微软发布的 WebDeployment Project 插件改善发布功能，具体下载地址是：http://download.microsoft.com/download/9/4/9/9496adc4-574e-4043-bb70-bc841e27f13c/WebDeploymentSetup.msi。

任务三　申请域名和空间

任务描述

申请域名和空间，为网站上传做好准备。

知识目标

熟悉常见域名和空间的申请方法。

技能目标

掌握空间参数配置的方法。

申请域名和虚拟主机空间，将编译过的最终网站发布到 Internet 上。

网站发布到互联网上一般都要有一个域名，如 www.163.com，而网站空间是存放自己网站文件的地方，这两者都需要申请。

网上有许多提供域名和虚拟空间的网站，申请的方法大同小异，如果是个人使用，一般只需要提供与个人相关的身份信息并支付相关费用就可以了。

网上有许多免费域名、免费空间的申请，但服务质量一般不是太好，一般只适合练习使用，如果一个商业网站打算正式发布，一般应该到比较正规的空间提供商的网站上申请购买域名和空间，下面就演示如何申请域名和网站空间。

任务实现

步骤一：打开网站，填写申请资料

打开申请网站，一般要先注册成会员，然后才能选择申请虚拟主机，选择相应虚拟主机类型（如全能空间 200MB），填写申请资料，其中填写的邮箱要真实有效，如图 10-2 所示。

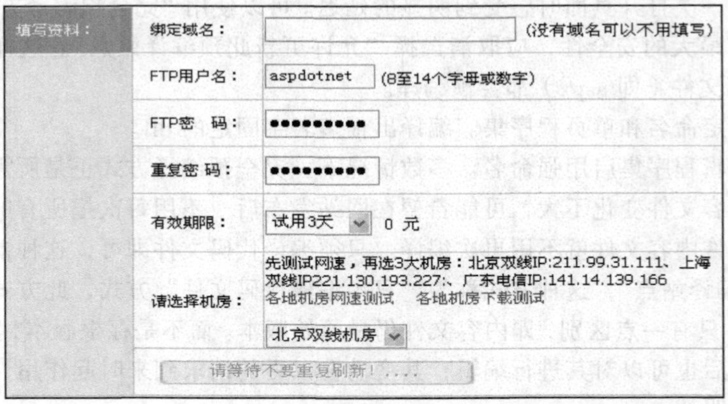

图 10-2　虚拟主机申请

步骤二：接收账号

在邮箱中接收申请信息，其中有 FTP 的地址、账号、密码及一个临时的域名等。

步骤三：使用 FTP 软件上传网站内容

使用类似 Cuteftp 的软件，输入邮箱中的 FTP 的地址、账号、密码。登录后在下面左栏选择要上传的所有网站文件，拖动到右侧的 Web 文件夹下（该站点要求放置在 Web 文件夹下），如图 10-3 所示。

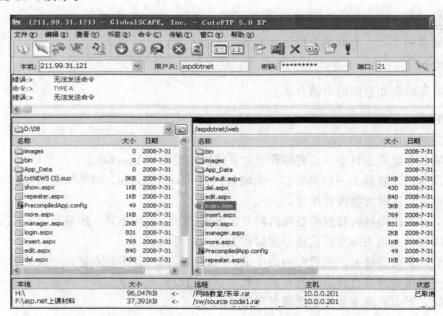

图 10-3　FTP 上传网页

步骤四：域名注册

打开域名注册页面，填写相关资料，也可以临时使用申请虚拟空间时给的临时域名，如图 10-4 所示。

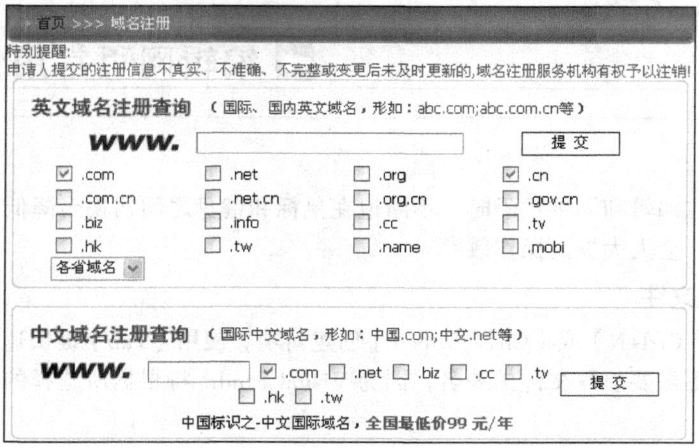

图 10-4　域名注册

步骤五：访问网站

上传完成后，可以使用申请的域名或在申请虚拟主机时赠送的域名访问自己刚刚上传的网站。

知识提炼

提供虚拟主机的各个网站存在着不少差异，上面的介绍只是把大致的思路显示出来，在实际申请时，各网站提供的步骤还会存在一定的差异。常见的虚拟主机提供商有中国万网、中国数据网、阳光互联、西部数码、美橙互联、中国 E 动网等。

思考与练习

（1）将自己的网站编译发布到本地计算机，查看发布后的站内文件发生了哪些变化？

（2）到中国万网上申请虚拟主机，将编译后的网站上传到该虚拟主机，测试上传后的结果是否正确。

编辑网页常用快捷方式

一般来说,在编辑和调试代码时,不断地在鼠标和键盘之间切换会降低速度,如果应用一些常用小技巧,会大大提高操作效率。

1. 快速新建文件

使用快捷键【Ctrl+N】或【Ctrl+Shift+A】创建新项,使用【Tab】键快速切换焦点,当切换到文件名时,不需要填写文件扩展名,因为Visual Studio将根据所选择的模板自动加上相应的扩展名。

2. 快速跳转到指定的某一行

调试代码时经常提示某行有错误,可以使用下面几种方法快速跳转到指定行:使用快捷键【Ctrl+G】或单击状态栏中的行号或列号,也可以在错误列表中直接双击错误信息转到错误发生的地方。

3. 快速添加代码段

输入关键字再按两次【Tab】键即可插入自动属性。例如:输入 for、if、do、try、prop 然后按两次【Tab】键即可插入自动属性

输入 for 后连按两次【Tab】键即可生成如下代码:

```
for (inti = 0; i< length; i++)
        {       }
```

4. 实现快速复制或剪切一行

光标只要在某行上,不用选中该行,直接按【Ctrl+C】或【Ctrl+X】组合键就可以拷贝或剪切该行。

5. 快速格式化代码

在编辑代码过程中,经常希望快速设计代码的自动缩进,以便阅读。

如果要格式化文档中的全部代码,可以选择"编辑"→"高级"命令来设置文档的格式,也可按快捷键【Ctrl+K+D】。

如果格式化选中代码的格式,可以选择"编辑"→"高级"命令来设置选中代码的格式,也可按快捷键【Ctrl+K+F】。

6. 快速添加命名空间

如果在代码中引用了某类名,但没有引用其命名空间的类,可以在类名上按【Ctrl+.】组合键,这样即可自动添加该类的引用命名空间语句。

7. 删除多余的 using 指令并排序

当新建一个类的时候，Visual Studio 会将常用的命名空间 using 在类的头部。但是在写完一个类的时候，有些 using 是多余的，删除多余的 using，再排一下序，可以使代码看起来更清晰。只需要在 Visual Studio 2012 中的代码编辑区右击，选择"组织 using"菜单，就可以删除多余的命名空间，并将余下的命名空间排序。

8. 快速注释代码

如果想临时想禁用一段代码，可以把这段代码注释掉，方法是：先选择这段代码，然后按工具栏中按钮 或快捷键【Ctrl+K+C】，使用工具栏中按钮 或按快捷键【Ctrl+K+U】可以取消注释。

9. 同时修改多个控件的属性

选中多个控件，然后右击并选择"属性"命令，这个时候这些控件共有的属性就会出现，修改之后所有的控件都会变化。

10. 使用任务管理器辅助开发

如果所开发的项目很大，在项目中有些代码没有完成，可以先做一下标记，以便将来查找。
创建方法：在要标志的地方输入：
//TODO:...内容...
将来查找时使用方法：视图→任务列表→注释。

11. 快速切换不同的窗口

按快捷键【Ctrl+Tab】。

12. 创建矩形选区

两种方法：（1）按住【Alt】键，然后拖动鼠标即可。（2）按住【Shift+Alt】组合键并单击矩形的左上和右下位置即可。

13. 调用智能提示

按快捷键【Ctrl+J】即可调用智能提示。

→ 网页设计常用代码

1. 打开新的窗口并传送参数

```
//传送参数，以 abc.aspx 为例传送参数 id
Response.Write("<script>window.open('abc.aspx?id=1')</script>");
//接收参数：
string a = Request.QueryString["id"];
```

2. 为按钮 Button1 添加对话框的两种写法

```
Button1.Attributes.Add("onclick","return confirm('确认?')");
Button1.Attributes.Add("onclick", "if(confirm(' 你 确 认 吗 ?')){return true;}else{return false;}");
```

3. 清空 Cookie Cookie.Expires=[DateTime];

```
Response.Cookies("UserName").Expires=0
```

4. Panel 横向滚动，纵向自动扩展

```
<asp:panel style="overflow-x:scroll;overflow-y:auto;"></asp:panel>
```

5. 在 GridView 中选择底部的记录时，总是刷新一下，然后就滚动到了最上面，刚才选定的行因屏幕的关系就看不到了

解决办法是在 Page_Load 事件中添加：

```
page.smartNavigation=true;
```

6. 输出指定的日期格式

```
usingSystem.Globalization;
DateTime t = DateTime.Now;
Response.Write(t.ToString("格式字符串",DateTimeFormatInfo.InvariantInfo));
```

格式字符串由如下形式的字符串组成：

年年年年-月月-日日: "yyyy-MM-dd "
年年-月月-日日: "yy-MM-dd "
年年年年-月月-日日时时:分分:秒秒: "yyyy-MM-ddhh:mm:ss"
年年年年-月-日时:分:秒, 没有前导 0: "yyyy-M-d h:m:s"

7. 警告窗口

```
public void Alert(string str_Message)
{
Response.Write("<script>alert('" + str_Message + "');</script>");
}
```

调用时只要使用如下语句即可：

```
Alert("test");
```

8. 在动态网页中插入 Flash 动画

在网站设计过程中，经常要在网页中插入 Flash，在 Visual Studio 2012 中插入 Flash 可以使用如下代码实现：

```
<object   classid="clsid:D27CDB6E-AE6D-11cf-96B8-444553540000"
codebase="http://download.macromedia.com/pub/shockwave/cabs/flash/
swflash.cab#version=6,0,29,0"  width="150"  height="280">
<param   name="movie"   value="你的swf格式的地址">
<!----上面value值填入flash的地址，你的Flash在本机上就用相对地址!---->
<param   name="quality"    value="high">
<param   name="SCALE"    value="exactfit">
<!----设置Flash透明 ---->

<param name="wmode" value="transparent"/>

<!----下面src值填入和刚才一样的地址!---->
<embed   src="你的swf格式的地址" width="150" height="280" quality="high"
pluginspage="http://www.macromedia.com/go/getflashplayer"
type="application/x-shockwave-flash"  scale="exactfit"></embed>
</object>
```

附录 C DIV+CSS 排版

在网页设计时使用表格为网页排版、设置页面元素布局是不合理的，表格其实是用来显示数据的。现在有很多网站已经使用 DIV+CSS 方式对网页进行布局，DIV+CSS 布局方式是符合 Web 标准的，真正符合 Web 标准的网页能够灵活的将 Web 内容与网页外观表现分离，所设计的网页能够在不同的浏览器上显示相同的效果。

相对于表格布局，创建符合 Web 标准的网页有以下优点：

（1）更强的表现能力。CSS 的对网页的控制能力比 HTML 标签要强大很多，网页中的字体变得更漂亮，更容易编排，页面更加赏心悦目。

（2）结构清晰，容易被搜索引擎搜索到，同时可以轻松地控制页面的布局。

（3）大大缩减页面代码，提高页面浏览速度，缩减带宽成本。

（4）可以实现跨平台的应用，在几乎所有的浏览器上都可以使用。

（5）因为内容与外观分离，缩短了改版时间，可以将站点上所有的网页风格都使用几个 CSS 文件进行控制，只要修改这几个 CSS 文件中相应的行，那么整个站点的所有页面都会随之发生变动，这样就可以将许多网页的格式同时更新，不用再一页一页地更新了。

（6）网页解析速度更快。

（7）现在开发的网页与未来兼容。

（8）用户可以获得更好的体验。

C.1 理解 DIV+CSS 模型

DIV 本身就是容器性质的，如果单独使用 DIV 而不加任何 CSS，那么它在网页中的效果和使用 <P></P> 是一样的。可以在 DIV 标记中内嵌 table 也可以内嵌文本和其他的 HTML 代码，CSS 中建议把把所有网页上的对像都放在一个盒（box）中，通过创建定义来控制这个盒的属性，这些对像包括段落、列表、标题、图片以及层<div>。盒模型主要定义四个区域：内容（content）、边框距（padding）、边界（border）和边距（margin）。对于初学者，经常会搞不清楚 margin、background-color、background-image、padding、content、border 之间的层次、关系和相互影响。这里提供一张盒模型的 3D 示意图，希望便于理解和记忆（见图 C-1）。

所有辅助图片都用背景来实现。这样做的目的是将网页的表现与结构彻底相分离并且便于改版时修改外观表现。这里的"辅助图片"是指那些不是作为页面要表达的内容的一部分，而仅仅用于修饰、间隔、提醒的图片。例如 logo、标题图片、列表前缀图片都必须采用背景方式或者其他 CSS 方式显示，而网页正文内容中的图片则不属于"辅助图片"之列，可以用<img>元素直接插在页面里。用背景来表现图像的方法类似这样：BACKGROUND: url(images/bg.jpg)

#F00EFE no-repeat lefttop；尽管可以用<img>直接插在内容中，但这是不允许的。

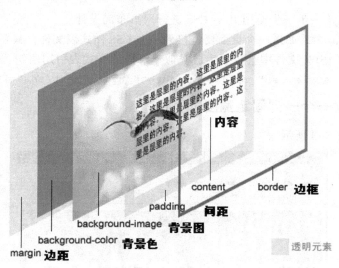

图 C-1　CSS 盒模型的 3D 示意图

CSS 语法结构仅仅由三部分组成：选择符（SELECTor）、属性（property）和值（value）

选择符：指这组样式编码所要针对的对象，可以是 XHTML 标签，如 body,h1；也可以是指定了特定 id 与 class 的标签，如#main 选择符表示选择<div id ="main">

属性：是 CSS 样式控制的核心，对于每一个 XHTML 中的标签，CSS 都提供了丰富的样式属性。例如：颜色、大小、定位、浮动方式等。

值：是指属性的值，形势有两种，一种是指定范围的值，如 float 属性，只能应用 left、right、None 三种值；另一种为数值。例如：width 能够使用 0~9999px 或其他的数学单位来指定。

在实际应用中我们以下列形式来定义样式：

body{background-color:blue;}

除了单个属性的定义也可以同时为一个标签定义多个属性：

p{text-align:center;
color-black;
font-family:arial;}

可以使用 div 多层嵌套来实现复杂的页面排版，如图 C-2 所示。

<div id="header">头部</div>
<div id="center">
<div id="left">左分栏</div>
<div id="right">右分栏</div>
</div>
<div id="footer">底部</div>

注意：尽量减少用嵌套，以保证浏览器不用过分消耗资源来对嵌套关系进行解析。

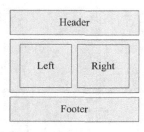

图 C-2　典型上左右布局

C.2　DIV+CSS 布局实战

下面我们就开始一步一步使用 DIV+CSS 进行网页布局设计。

在 Visual Studio 中，如果一个页面要链接到一个 CSS 样式表文件，只要将 CSS 文件直接拖到 ASPX 页，在 ASPX 文件中会自动生成类似于下面的样式表引用语句：

`<link href="style.css" rel="stylesheet" type="text/css" />`

C.2.1　建立一个一列固定宽度的页面

最终效果如图 C-3 所示。

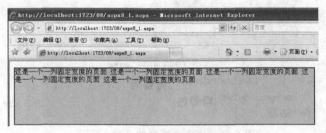

图 C-3　一列固定宽度的页面

实现步骤

（1）在 VS 2012 中新建一个样式表文件 css11_1.css，如图 C-4 所示。

（2）在新建的 css11_1.css 文件中右击，在弹出的菜单中选择"生成样式"，如图 C-5 所示，在弹出的对话框中设置格式，如图 C-6 所示。代码如图 C-7 所示。

图 C-4　新建样式表文件

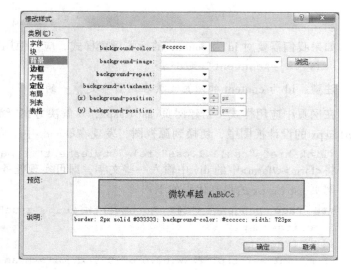

图 C-5　添加样式一　　　　　　　图 C-6　设置格式

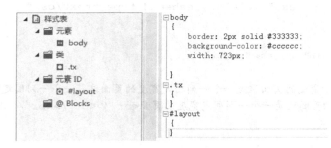

图 C-7　CSS 代码

说明：

（1）元素：指对现有的 HTML 标签进行样式设置，如<p>、<body>等。

（2）类名：即指 class 选择符，class 选择符是允许重复使用的。

如在 CSS 样式表中，class 选择符使用"."进行标识，即使用类似如下的格式就可以定义一个.tx 的 class 选择符：

.tx{
Margin:10px;
Background-color:blue;
}

在网页中可以使用类名来修饰网页的多个元素，即 class 可以重复多次使用。例如要将一个 div 和标题 h1 设置一种样式，可以用如下的方式将.tx 应用到 div 和标题 h1：

<div class =" tx" ></div>
<h1 class =" tx" >

（3）元素 ID：即 id 选择符，与类名 class 相比，id 所定义的网页元素是唯一的。

如在样式表中定义一个 id 为 content，应使用"#"进行标识，格式如下：

#content {
font-size:14px;

```
line-height:130%;
}
```
如果我们需要对 id 为 content 的标签设置样式，应当使用以下格式：
```
<div id ="content"></div>
```
注意：id 为 content 的网页元素在网页中是唯一的。

在网页中应用样式：新建网页 asp1.aspx，从解决方案资源管理器中拖动 css11_1.css 到 asp1.aspx 的设计视图中，切换到源视图，发现在<head>中生成了引用样式表的代码：
```
<link href="css11_1.css" rel="stylesheet" type="text/css" />
```
将<form></form>中的 div 中输入一些文字，即可实现任务最终效果。

网页 asp1.aspx 的最终代码如下：
```
<%@ Page Language="C#" AutoEventWireup="true" CodeFile="asp1.aspx.cs" Inherits="asp1" %>
<!DOCTYPE html>
<html xmlns="http://www.w3.org/1999/xhtml"><head id="Head1" runat="server">
<title></title>
<link href="css1.css" rel="stylesheet" type="text/css" />
</head>
<body>
<form id="form1" runat="server">
<div>
这是一个一列固定宽度的页面这是一个一列固定宽度的页面这是一个一列固定宽度的页面这是一个一列固定宽度的页面这是一个一列固定宽度的页面<br /><br /><br /><br /><br /><br />
</div>
</form>
</body>
</html>
```

C.2.2 其他常见布局

1. 一列固定宽度并且居中

（1）新建样式表文件 css2.css，生成如下代码：
```
#layout
{
background-color: #cccccc;
border: 2px solid #333333;
width: 503px;
height: 268px;
margin-left: auto;
margin-right: auto;
}
```
（2）新建网页 ASPX，添加一对 DIV 标签，在网页的源视图中将 id 改为 layout，并完成如下代码：
```
<div id="layout">1 列固定宽度居中</div>
```

2. 一列自适应

自适应布局是网页设计中常见的一种布局形式，自适应的布局能够根据浏览器窗口的大小，自动改变其宽度或高度值，是一种非常灵活的布局形式，在默认的状态下 div 占据整行的空间，便是宽度为 100%的自适应布局的表现形式。

网页中的布局代码：

```
<div id="layout">1 列自适应</div>
```

样式表 CSS 代码：

```
#layout{
background-color:#cccccc;
border:2px solid #333333;
width:80%;
height:300px
}
```

3. 一行一列

```
body { margin: 0px;   padding: 0px;   text-align: center;   }
#content {  margin-left:auto;  margin-right:auto;  width: 400px;}
```

4. 两行一列

```
body { margin: 0px;   padding: 0px;   text-align: center;}
#content-top { margin-left:auto;   margin-right:auto; width: 400px; }
#content-end {margin-left:auto; margin-right:auto;  width: 400px; }
```

5. 三行一列

```
body { margin: 0px; padding: 0px; text-align: center;   }
#content-top {  margin-left:auto;  margin-right:auto;  width: 400px;}
#content-mid {  margin-left:auto; margin-right:auto;   width: 400px;}
#content-end {  margin-left:auto; margin-right:auto; width: 400px;   }
```

6. 一行两列

```
#bodycenter{ width: 700px;margin-right: auto; margin-left: auto;overflow: auto;  }
#bodycenter #dv1 {float: left;width: 280px;}
#bodycenter #dv2 {float: right;width: 410px;}
```

7. 两行两列

```
#header{width: 700px; margin-right: auto;margin-left: auto; overflow: auto;}
#bodycenter{ width: 700px; margin-right: auto; margin-left: auto; overflow: auto; }
#bodycenter #dv1 { float: left; width: 280px;}
#bodycenter #dv2 { float: right;width: 410px;}
```

8. 三行两列

```
#header{width: 700px;margin-right: auto; margin-left: auto;   }
#bodycenter {width: 700px; margin-right: auto; margin-left: auto;   }
#bodycenter #dv1 {  float: left;width: 280px;}
#bodycenter #dv2 { float: right;  width: 410px;}
#footer{width: 700px;  margin-right: auto; margin-left: auto;  overflow: auto;   }
```

9. 一行三列

采用 float 定位法实现，实现方法有两种。

第一种方法：

网页文件：

```
<div id="warp">
<div id="column">
<div id="column1">这里是第一列</div>
<div id="column2">这里是第二列</div>
<div class="clear"></div>
</div>
<div id="column3">这里是第三列</div>
<div class="clear"></div>
</div>
```

样式表 CSS 文件：

```
#wrap{ width:100%; height:auto;}
#column{float:left; width:60%;}
#column1{float:left; width:30%;}
#column2{float:right; width:30%;}
#column3{float:right; width:40%;}
.clear{clear:both;}
```

第二种方法：

网页文件：

```
<div id="center" class="column">
<h1>This is the main content.</h1>
</div>
<div id="left" class="column">
<h2>This is the left sidebar.</h2>
</div>
<div id="right" class="column">
<h2>This is the right sidebar.</h2>
</div>
```

样式表 CSS 文件：

```
body    {margin:  0;padding-left:  200px;padding-right:  190px;min-width: 240px;}
.column {position: relative;float: left;}
#center {width: 100%;}
#left {width: 180px; right: 240px;margin-left: -100%;}
#right {width: 130px;margin-right: -100%;}
```

10. 两行三列

网页文件：

```
<div id="header">这里是顶行</div>
<div id="warp">
<div id="column">
<div id="column1">这里是第一列</div>
<div id="column2">这里是第二列</div>
<div class="clear"></div>
</div>
```

```
<div id="column3">这里是第三列</div>
<div class="clear"></div>
</div>
```

样式表 CSS 文件：

```
#header{width:100%; height:auto;}
#wrap{ width:100%; height:auto;}
#column{float:left; width:60%;}
#column1{float:left; width:30%;}
#column2{float:right; width:30%;}
#column3{float:right; width:40%;}
.clear{clear:both;}
```

11. 三行三列

网页文件：

```
<div id="header">这里是顶行</div>
<div id="warp">
<div id="column">
<div id="column1">这里是第一列</div>
<div id="column2">这里是第二列</div>
<div class="clear"></div>
</div>
<div id="column3">这里是第三列</div>
<div class="clear"></div>
</div>
<div id="footer">这里是底部一行</div>
```

样式表 CSS 文件：

```
#header{width:100%; height:auto;}
#wrap{ width:100%; height:auto;}
#column{float:left; width:60%;}
#column1{float:left; width:30%;}
#column2{float:right; width:30%;}
#column3{float:right; width:40%;}
.clear{clear:both;}
#footer{width:100%; height:auto;}
```

这里列出的是常用的例子，在样式表中都没有设置 margin、padding、boeder 等属性，是因为在含有宽度定位的时候，最好不好用到它们，除非迫不得已，因为使用它们，可能会遇到浏览器兼容的问题。

参考文献

[1] 王学卿,孙伟.动态 Web 开发技术:ASP.NET[M].北京:中国铁道出版社,2009.

[2] 孙伟,王学卿.网站设计与管理[M].北京:清华大学出版社,2008.

[3] 钟志东.ASP.NET 4 项目开发教程面向工作过程(C#)[M].北京:北京航空航天大学出版社,2011.

[4] 宋维堂,陈建红.动态网页设计(ASP.NET)[M].北京:高等教育出版社,2011.

[5] LIBERTY J, HURWITZ D. Programming ASP.NET[M].北京:电子工业出版社,2007.

[6] WALTHER S. ASP.NET 3.5 揭秘[M].北京:人民邮电出版社.2007.

[7] 李万宝.ASP.NET 技术详解与应用实例[M].北京:机械工业出版社,2005.

[8] 郝刚.ASP.NET 3.5 开发指南[M].北京:人民邮电出版社,2006.

[9] 常永英.ASP.NET 程序设计教程(C#版) [M].北京:机械工业出版社,2007.

[10] KAUFFMAN J.ASP.NET 3.5 数据库入门经典[M].4 版.北京:清华大学出版社,2006.

[11] 余晨,李文炬.SQL Server 2000 培训教程[M].北京:清华大学出版社,2002.

[12] 陈运海.ASP.NET 网页开发实用教程[M].北京:机械工业出版社,2005.

[13] 万峰科技.ASP.NET 网站开发四"酷"全书:新闻、论坛、电子商城、博客[M].北京:电子工业出版社,2005.